高职高专“十二五”规划教材

金属铝熔盐电解

主　编　陈利生　余宇楠
副主编　陈福亮　卢宇飞

北　京
冶 金 工 业 出 版 社
2022

内容提要

本书按照铝电解生产的工艺流程，分别介绍了铝电解基础知识，铝预焙阳极电解槽及附属设备，铝电解用原料与原材料，铝电解槽的安装、焙烧和启动，铝电解生产正常操作，电解槽的正常生产管理，铝电解生产中的常规测量，槽寿命与故障处理，氧化铝输送和烟气净化，铝电解生产的计算机控制，铝电解生产主要经济技术指标，清洁生产与节能减排。

本书为高职高专冶金技术相关专业的教材，也可作为行业职业技能培训教材或工程技术人员的参考用书。

图书在版编目(CIP)数据

金属铝熔盐电解/陈利生，余宇楠主编．—北京：冶金工业出版社，2010.10(2022.1重印)

高职高专"十二五"规划教材

ISBN 978-7-5024-5393-0

Ⅰ.①金… Ⅱ.①陈… ②余… Ⅲ.①熔盐电解：氧化铝电解—高等学校：技术学校—教材 Ⅳ.①TF821.032.7

中国版本图书馆CIP数据核字(2010)第197498号

金属铝熔盐电解

出版发行 冶金工业出版社 **电　　话** (010)64027926
地　　址 北京市东城区嵩祝院北巷39号 **邮　　编** 100009
网　　址 www.mip1953.com **电子信箱** service@mip1953.com

责任编辑 郭冬艳 宋良 美术编辑 彭子赫 版式设计 葛新霞
责任校对 卿文春 责任印制 禹蕊

三河市双峰印刷装订有限公司印刷

2010年10月第1版，2022年1月第5次印刷

787mm×1092mm 1/16；8.5印张；204千字；124页

定价18.00元

投稿电话 (010)64027932 投稿信箱 tougao@cnmip.com.cn
营销中心电话 (010)64044283
冶金工业出版社天猫旗舰店 yjgycbs.tmall.com
(本书如有印装质量问题，本社营销中心负责退换)

序

昆明冶金高等专科学校冶金技术专业是国家示范性高职院校建设项目，中央财政重点建设专业。在示范建设工作中，我们围绕专业课程体系的建设目标，根据火法冶金、湿法冶金技术领域和各类冶炼工职业岗位(群)的任职要求，参照国家职业标准，对原有课程体系和教学内容进行了大力改革。以突出职业能力和工学结合特色为核心，与企业共同开发出了紧密结合生产实际的工学结合特色教材。我们希望这些教材的出版发行，对探索我国冶金高等职业教育改革的成功之路，对冶金高技能人才的培养，能起到积极的推动作用。

高等职业教育的改革之路任重道远，我们希望能够得到读者的大力支持和帮助。请把您的宝贵意见及时反馈给我们，我们将不胜感激！

昆明冶金高等专科学校

前 言

2000~2010年,中国有色金属行业取得了辉煌的成就:2002年中国年产10种有色金属量达到1205万吨,历史性地成为世界第一有色金属生产大国,之后连续8年蝉联第一。这其中,铝工业可谓一枝独秀:2005年,中国在全球率先全部淘汰了落后的自焙槽铝电解生产技术与设备,这标志着中国铝工业已进入世界先进行列;同年,中国具有自主知识产权的电解铝大型预焙槽技术首次输出,这标志着中国已成为继美国、法国之后的世界上第三个拥有自主知识产权的大型预焙电解槽技术的国家,结束了铝工业无技术输出的历史;2007年,中国原铝产量达到1228万吨,首次实现单有色金属产量超千万吨。有色冶金工业特别是铝工业过去10年的发展,是有色冶金工业全体人员共同努力的结果。为了适应将中国从有色金属生产大国建设为有色金属生产强国的目标,还需要培养大批新型高技能冶金技术专业人才。

本书是按照教育部高职高专人才培养目标对知识结构、能力结构与素质的要求,以及昆明冶金高等专科学校"三双"("双领域、双平台、双证书")冶金高技能人才培养模式的要求,结合金属铝熔盐电解最新技术进展和高职高专冶金技术专业的教学特点,在总结近年来教学经验并征求相关企业工程技术人员意见的基础上编写而成的,力求体现工作过程系统化的课程开发理念。

书中内容编排以培养具有较高专业素质和较强职业技能,适应企业生产及管理一线需要的"下得去,留得住,用得上,上手快"的冶金高技能人才为目标,贯彻理论与实际相结合的原则,力求体现职业教育的针对性强、理论知识的实践性强、培养人才应用性强的特点。为便于读者自学、加深理解和学用结合,各章均配有复习思考题。

本书第1~2章、第4~6章及第10章由昆明冶金高等专科学校陈利生、余宇楠、李柏村编写,第3章、第7~9章及第11~12章由云南文山铝业有限公司杨德荣、昆明冶金高等专科学校陈福亮、卢宇飞、全红、杨桂生编写。全书由陈利生、余宇楠统稿并担任主编,由陈福亮、卢宇飞担任副主编。

由于编者水平所限,书中不妥之处在所难免,敬请广大读者批证指正。

编 者

2010年8月

目 录

1 铝电解基础知识 ………………………………………… 1

1.1 铝电解技术的产生与发展 ………………………………… 1

1.2 铝生产的方法 ………………………………………… 1

1.2.1 化学法炼铝 ………………………………………… 1

1.2.2 电解法炼铝 ………………………………………… 1

1.2.3 新法炼铝 ………………………………………… 2

1.3 铝的性质与用途 ………………………………………… 3

1.4 现代铝电解的发展 ………………………………………… 3

1.5 铝电解原理及生产流程 ………………………………… 4

1.5.1 铝电解原理 ………………………………………… 4

1.5.2 铝电解生产流程 ………………………………………… 5

复习思考题………………………………………… 6

2 铝预焙阳极电解槽及附属设备 ………………………………… 7

2.1 阴极结构 ………………………………………… 7

2.1.1 槽壳 ………………………………………… 7

2.1.2 内衬 ………………………………………… 8

2.2 上部结构………………………………………… 10

2.2.1 门式支架及桁架………………………………………… 10

2.2.2 阳极提升装置………………………………………… 11

2.2.3 阳极母线和阳极组………………………………………… 11

2.2.4 自动打壳下料装置 ………………………………………… 12

2.2.5 集气烟罩及排烟支管………………………………………… 13

2.3 母线结构………………………………………… 13

2.4 短路口装置………………………………………… 14

2.5 抬包………………………………………… 15

2.6 多功能天车及母线提升机………………………………………… 15

2.6.1 多功能天车………………………………………… 15

2.6.2 母线提升机………………………………………… 16

2.7 电解车间………………………………………… 17

复习思考题 ………………………………………… 18

3　铝电解用原料与原材料 …… 19

3.1　氧化铝(Al_2O_3) …… 19
3.1.1　化学纯度 …… 19
3.1.2　物理性能 …… 19
3.2　溶剂——氟化盐 …… 21
3.2.1　冰晶石(Na_3AlF_6) …… 21
3.2.2　氟化铝(AlF_3) …… 22
3.2.3　氟化钠(NaF) …… 22
3.2.4　氟化钙(CaF_2) …… 22
3.2.5　氟化镁(MgF_2) …… 22
3.3　阳极材料 …… 23
3.3.1　预焙阳极块的质量标准 …… 23
3.3.2　铝导杆组的质量标准 …… 23
3.3.3　磷生铁的质量标准 …… 24
3.3.4　成品阳极组的质量标准 …… 24
3.4　阴极炭素材料的作用、种类及性能要求 …… 24
3.4.1　阴极炭素材料的作用 …… 24
3.4.2　阴极炭素材料的分类 …… 24
3.4.3　阴极炭素材料的性能要求 …… 25
复习思考题 …… 26

4　铝电解槽的安装、焙烧和启动 …… 27

4.1　铝电解槽的安装 …… 27
4.1.1　施工前的准备和要求 …… 27
4.1.2　新系列铝电解槽的安装 …… 29
4.1.3　大修电解槽的安装 …… 33
4.2　铝电解槽的焙烧 …… 33
4.2.1　大型预焙槽焙烧的验收 …… 34
4.2.2　大型预焙槽焙烧方法 …… 34
4.2.3　铝液焙烧过程 …… 35
4.2.4　焦粒焙烧过程 …… 37
4.2.5　大修后电解槽的焙烧 …… 39
4.3　铝电解槽的启动及启动后期的管理 …… 39
4.3.1　铝电解槽启动方法 …… 39
4.3.2　湿法效应启动实例 …… 41
4.3.3　铝电解槽炉膛的建立 …… 43
复习思考题 …… 44

5 铝电解生产正常操作 45
5.1 电解岗位安全操作规程 45
5.2 正常操作 45
5.2.1 定时加料 46
5.2.2 阳极更换 46
5.3 效应熄灭 49
5.3.1 阳极效应 49
5.3.2 熄灭阳极效应的作业规程 50
5.4 出铝作业 51
5.4.1 出铝过程 51
5.4.2 出铝作业规程 52
5.5 抬母线 52
5.5.1 抬母线作业 52
5.5.2 抬母线作业规程 54
5.6 扎边部 54
5.7 捞炭渣作业 55
5.8 短路口作业 55
复习思考题 56
6 电解槽的正常生产管理 57
6.1 铝电解槽正常生产的特征 57
6.2 槽电压管理 57
6.2.1 槽电压的表示方法及其关系 57
6.2.2 槽工作电压 58
6.2.3 槽工作电压控制 59
6.3 电解温度的控制 59
6.4 铝水平和出铝量管理 60
6.4.1 一点测定 60
6.4.2 加铜盘存法 61
6.4.3 出铝量的管理 61
6.5 收边及极上保温料的管理 61
6.6 极距 62
6.7 电解质成分 63
6.7.1 电解质物质的量比(CR) 63
6.7.2 电解质中的氧化铝含量 64
6.7.3 电解质中的添加剂 64
6.8 电解质水平 64
6.9 阳极效应系数 65

6.10　电解槽正常生产的技术参数 …… 65
复习思考题 …… 66

7　铝电解生产中的常规测量 …… 67

7.1　铝水平和电解质水平高度的测量 …… 67
7.2　阳极电流分布的测量 …… 68
7.3　电解质温度的测量 …… 69
7.4　炉底压降的测量 …… 70
复习思考题 …… 71

8　槽寿命与故障处理 …… 72

8.1　影响槽寿命的因素及延长寿命的措施 …… 72
8.1.1　铝电解槽的破损原因 …… 72
8.1.2　延长电解槽寿命的措施 …… 74
8.2　故障处理 …… 74
8.2.1　阳极故障 …… 75
8.2.2　病槽 …… 75
8.3　电解生产的事故 …… 80
8.3.1　生产技术事故 …… 80
8.3.2　设备事故 …… 82
复习思考题 …… 82

9　氧化铝输送和烟气净化 …… 83

9.1　氧化铝输送 …… 83
9.1.1　氧化铝输送基础知识 …… 83
9.1.2　氧化铝供料系统及工艺流程实例 …… 86
9.1.3　供料安全技术规程 …… 88
9.1.4　射流泵安全技术规程 …… 89
9.1.5　供料系统故障及处理 …… 89
9.2　电解烟气净化 …… 90
9.2.1　电解烟气净化基础知识 …… 90
9.2.2　干法净化 …… 91
复习思考题 …… 95

10　铝电解生产的计算机控制 …… 96

10.1　计算机系统的控制形式 …… 96
10.1.1　集中式 …… 96
10.1.2　分布式 …… 96
10.1.3　集中分布式 …… 96

10.2　计算机系统的配置 …… 97
10.2.1　计算机 …… 98
10.2.2　工业接口机 …… 98
10.2.3　槽控机 …… 98
10.3　计算机系统的控制内容 …… 98
10.3.1　槽电压控制(简称 RC) …… 99
10.3.2　效应(AE)控制策略及过程 …… 100
10.3.3　氧化铝浓度控制 …… 100
10.3.4　异常槽况判定及处理 …… 101
10.3.5　计算机报表分析 …… 101
复习思考题 …… 103

11　铝电解生产主要经济技术指标 …… 104

11.1　铝产量 …… 104
11.1.1　铝液产量 …… 104
11.1.2　商品铝产量 …… 104
11.1.3　产品质量 …… 104
11.2　电流效率 …… 105
11.2.1　铝的电化当量 …… 105
11.2.2　电流效率的计算 …… 105
11.2.3　影响电流效率的因素 …… 106
11.2.4　提高电流效率的措施 …… 111
11.3　平均电压与直流电耗 …… 111
11.3.1　平均电压与直流电耗的定义 …… 111
11.3.2　电能消耗的降低 …… 111
11.4　原材料单耗 …… 114
11.4.1　氧化铝单耗 …… 114
11.4.2　炭素阳极材料单耗 …… 114
11.4.3　氟化盐单耗 …… 115
11.5　整流效率 …… 115
11.6　原铝质量 …… 115
复习思考题 …… 116

12　清洁生产与节能减排 …… 117

12.1　清洁生产 …… 117
12.1.1　清洁生产的内涵 …… 117
12.1.2　国外铝电解清洁生产现状 …… 117
12.1.3　国内铝电解清洁生产现状 …… 118
12.2　节能减排 …… 119

12.2.1　原材料及辅料的消耗…… 119
12.2.2　生产控制技术…… 121
12.2.3　槽寿命的延长…… 122
复习思考题…… 123
参考文献…… 124

1 铝电解基础知识

1.1 铝电解技术的产生与发展

铝是地壳中储量居第三位的元素(丰度约为8%),其化学活性强,故在自然界多数以化合物形态存在。铝的化合物多达250余种,如铝土矿、云母、氟石、明矾石、冰晶石、刚玉、玉石、红宝石等。铝作为用途广泛、产量最大的有色金属,从它被发现之日起就一直受到人们广泛的重视。世界各国对铝电解生产技术的研究在不断进步。

1746年,德国人波特(J. H. Pott)从明矾制得氧化铝。18世纪法国的拉瓦锡(A. L. Lavoisier)认为氧化铝中铝与氧的亲和力极大,不可能用碳和当时已知的其他还原剂将它还原出来。1807年,英国人戴维(H. Davy)试图电解熔融的氧化铝以制取金属铝,没有成功。1809年,这种想象中的金属被命名为alumium,后来改为aluminium。1825年,丹麦人奥斯特(H. C. Oersted)用钾汞齐还原无水氯化铝,第一次得到少量金属铝。1827年,德国人沃勒(F. Wöhler)用钾还原无水氯化铝得到少量金属粉末,于1845年用氯化铝气体通过熔融金属钾的表面,得到一些铝珠。1854年,法国的戴维尔(S. C. Deville)用钠代替钾还原$NaAlCl_4$络合盐,制得金属铝,同年建厂生产出一些铝制头盔、餐具和玩具。1886年,霍尔-埃鲁法(Hall-Héroult)出现。1888年在美国匹兹堡建立第一家铝电解厂,铝的生产从此进入新的阶段。1890年是化学法和电解法的交替时代,原铝的产量只有180 t左右。1956年世界铝产量开始超过铜而居有色金属的首位,成为产量仅次于钢铁的金属。原铝产量在1970年达到1000万吨,1980年达到1625万吨,2000年突破了2400万吨,2010年全球原铝的产量为2382万吨(其中中国1298万吨)。

1.2 铝生产的方法

1.2.1 化学法炼铝

化学法生产铝在早期是利用化学反应用钠、钾和镁等强还原物质来置换出金属铝。因当时铝的价格接近黄金,所以铝又被称为“泥土中的银子”。后来因电解法兴起,化学法逐渐被淘汰。在整个化学法炼铝阶段共生产了大约200 t铝。

1.2.2 电解法炼铝

电解法炼铝起源于1854年。当时德国的本生(Bunsen)和法国的戴维尔(Deville)分别电解氯化铝-氧化钠络盐,得到金属铝。但那时候所用的电源是蓄电池,不能获得较大的电流,无法做扩大规模的试验。1883年美国的布来德利(Bradley)申请了电解冰晶石的专利。1886年,美国的霍尔(Hall)和法国的埃鲁(Héroult)分别申请了冰晶石-氧化铝融盐电解法的专利。这一方法仍是近代铝冶金工业的基础,是铝工业一百多年来唯一的炼铝方法,统称为霍尔-埃鲁法。

真正给铝工业带来革命的还是发电机的产生和输变电技术的发展,因为电解法需要较多而且廉价的电能。

1887~1888 年美国匹兹堡电解厂兴建了两台预焙阳极铝电解槽,其工作电流强度为 1700~1800A,采用冰晶石-氧化铝融盐电解法炼铝,日产铝 23 kg;以后其他国家相继采用该法炼铝,截止到 1999 年,全世界除中国外共有 125 家铝厂(中国也有 120 多家铝厂),总的电解铝产量近 2600 万吨,目前,世界上铝的产量居各种有色金属之首。

1.2.3　新法炼铝

尽管电解法生产铝得到了长足发展,但与其他有色金属相比,铝的生产成本是相当高的,因而,许多国家均开展了新法炼铝的研究,试图降低铝电解生产的成本。

1.2.3.1　碳热还原法

碳热还原法可用纯氧化铝或直接用含铝的矿石作原料。在纯氧化铝的条件下,还原产物是碳化铝或是碳化铝和铝的混合物,然后把碳化铝在 2100℃下分解:

$$Al_2O_3+3C = 2Al+3CO$$

$$2Al_2O_3+3C = Al_4O_4C+2CO\uparrow$$

$$Al_4O_4C+6C = Al_4C_3+4CO\uparrow$$

在碳热还原法方面,法国彼施涅铝业公司、美国铝业公司都做了大量研究,取得了一定的成效。

1.2.3.2　电热法生产铝硅合金

将铝土矿、还原剂及少量黏结剂混合制团、干燥后,在单相或三相电弧炉内进行熔炼。在 2400~2500℃的高温下,原料中的 SiO_2、Al_2O_3 被碳还原,而制得铝硅粗合金,其反应为:

$$SiO_2+2C = Si+2CO\uparrow$$

$$Al_2O_3+3C = 2Al+3CO\uparrow$$

对铝硅粗合金进行精炼后,进行铸锭,制得一次铝硅合金。

1.2.3.3　氯化铝电解法

氯化铝电解法即以 $AlCl_3$ 为活性组分,溶解在熔融碱金属和碱土金属氯化物溶液中进行熔盐电解的方法。

1973 年,美国铝业公司(Alcoa)宣布研究出一种新的氯化铝电解法,简称阿尔科法。该法可节省电能 30%,且电解槽密闭,容易解决污染问题,占地面积小,单槽生产能力高,可避免强磁场的影响。1976 年,该公司在得克萨斯州建立一座年产 1.5 万吨的试验厂。

从整个铝电解生产的历史可以看出,一百多年以来电解炼铝的基本方法主要是霍尔-埃鲁电解法,电解用的主要体系仍主要是冰晶石-氧化铝基本体系。

1.3 铝的性质与用途

铝是一种具有银白色光泽的金属，常温下其密度只有约2.7 g/cm³，是一种有色轻金属。它的主要特性如表1-1所示。

表1-1 铝的主要特性

原子序数	13
密度/g·cm^{-3}	2.699(固)
	2.3(液态)
原子价	+3
熔点/℃	659
沸点/℃	2467
熔化热/J·g^{-1}	386.6
导电系数/Ω^{-1}·cm^{-1}	$3.6\times10^{-3}\sim3.7\times10^{-3}$(20℃)
电化当量/g·(A·h)$^{-1}$	0.3356

纯铝质地柔软，有良好的可塑性和延展性，是电和热的优良导体。铝还是两性化合物，既能与碱反应，又能与酸反应。铝的化学活性大，在冶金工业中被用作还原剂、脱氧剂和发热剂。铝合金质轻且力学性能优良。

由于具有卓越性质，铝及铝合金已成为世界上最为广泛应用的金属材料之一，被广泛地应用于电气工业、国防工业、机械工业、建筑工业及食品包装、日用品工业等领域（见表1-2）。

表1-2 2010年铝在各个行业中使用比例（世界）

行 业	使用数量/万吨	比例/%
建 筑	710	30
电 气	430	18
交通运输	260	11
包装业	120	6
其 他	860	35

1.4 现代铝电解的发展

20世纪80年代以前，工业铝电解的发展经历了几个重要阶段，其标志性的变化有：电解槽电流强度由24 kA、60 kA增加至100 kA、400 kA；槽型主要由侧插棒式（及上插棒式）自焙阳极电解槽改变为预焙阳极电解槽；吨铝电能消耗由22000 kW·h降低至13000 kW·h；电流效率由70%~80%逐步提高到85%~90%。

从1980年开始，电解槽技术突破了175 kA的壁垒，采用了磁场补偿技术，配合以点式下料及电阻跟踪的过程控制技术，使电解槽能在氧化铝浓度很窄的范围内工作；为此逐渐改进了电解质，降低了温度，为最终获得高电流效率和低电耗创造了条件。在以后的年份中，吨铝的最低电耗曾达到12900~13200 kW·h，阳极效应频率比以前降低了一个数量级。20

世纪 80 年代中期,电解槽更加大型化,点式下料可达到 2 kg 氧化铝/次,采用了单个或多个废气的捕集系统,采用了微机的过程控制系统,对电解槽能量参数每 5 s 进行一次采样,采用了自动供料系统,减少了灰尘对环境的影响。进入 90 年代,进一步增大电解槽容量,吨铝投资较前更节省。然而大型槽(特别是超过 310 kA 的电解槽)能耗并不低于 80 年代初期较小的电解槽的能耗,这是由于:大型槽采取较高的阳极电流密度,槽内混合效率不高而存在氧化铝的浓度梯度;槽寿命也有所降低,因为炉帮状况不理想,并且电流密度的增大,增加了阴极的腐蚀;槽底沉淀增多,因为下料的频率比较高而电解质的混合程度不足。尽管如此,大型槽总的经济状况还是良好的。

20 世纪 90 年代以来,电解槽的技术发展有如下特点:

(1) 电流效率达到 96%;

(2) 电解过程的能量效率接近 50%,其余的能量成为电解槽的热损失而耗散;

(3) 阳极的消耗方面,其利用效率超过 85%;

(4) 尽管设计和材料方面都有很大的进步,然而电解槽侧部仍需要保护性的炉帮存在,否则金属质量和槽寿命都会受负面影响;

(5) 维护电解槽的热平衡(和能量平衡)更显出重要性,既需要确保极距,以产生足够的热能、保持生产的稳定,又需要适当增大热损失以形成完好的炉帮提高槽寿命。

2002 年中国年产 10 种有色金属量达到 1205 万吨,历史性地成为世界第一有色金属生产大国,之后连续 8 年蝉联第一。这其中铝工业可谓一枝独秀:2005 年底,在全球率先全部淘汰了落后的自焙槽铝电解生产技术与装备,这标志着中国铝工业已进入世界先进行列:2005 年,中国具有自主知识产权的电解铝大型预焙槽技术首次输出,这标志着中国已成为继美国、法国之后的世界上第三个拥有自主知识产权的大型预焙电解槽技术的国家,结束了铝工业无技术输出的历史;2007 年,中国原铝产量达到 1228 万吨,首次实现单有色金属产量超千万吨;2008 年,中国 20 家骨干铝厂的平均产量达到 40 万吨。

在电解槽设计中,已掌握"三场"仿真技术,在模拟与优化设计方面采用了 ANSYS 和 MHD 等软件,能较好地处理电解槽的磁场、流场、热-电平衡等问题,为大型和特大型预焙槽的设计和制造奠定了基础。

我国近几年开发应用的 200 kA 及其以上容量的大型预焙铝电解槽均取得了较好的技术经济指标,以目前已开发应用的最大容量铝电解槽——320 kA 预焙槽为例,主要技术经济指标为:电流效率 94.43%;吨铝直流电耗 13323 kW·h;吨铝阳极净耗 397 kg。环保方面采用干法净化后,厂区周边环境大气中氟化物的含量没有增加,烟囱与工作地带氟化物排放浓度分别为 2.44 mg/m^3(国家标准为 15 mg/m^3)、0.34 mg/m^3(国家标准为 151 mg/m^3);劳动生产率为 376 t/(人·a)。以上数据表明,我国铝电解技术已达到国际先进水平,但是我国多数中小规模铝厂离此水平还有相当大的差距,有待改进提高。

1.5 铝电解原理及生产流程

1.5.1 铝电解原理

电解槽通入直流电,溶解在电解质里的氧化铝在两极上发生电化学反应,在阳极上得到气态物质,在阴极上即得到液体铝,其电化学反应为:

阳极反应：　$3O^{2-}$(络合的)+1.5C−6e ⟶1.5CO

阴极反应：　$2Al^{3+}$(络合的)+ 6e ⟶2Al

合并上两式，则得总反应式：

$$Al_2O_3+1.5C=\!=\!=2Al+1.5CO_2$$

1.5.1.1　阴极反应

阴极上析出金属的反应主要是析出铝的反应。在电解过程中，含铝络离子在阴极放电析出铝：

$$3AlOF_2^-+6e=\!=\!=2Al+6F^-+AlO_3^{3-}$$

在阴极上除了铝的电化学析出反应以外，还有阴极副反应，其中主要有钠的析出、铝向电解质中的溶解、碳化铝的生成和电解质被阴极炭素内衬选择吸收。

这些副反应在铝电解生产实际中都很重要，前两个副反应对电流效率有直接的影响，而后两个副反应直接关系着电解槽的寿命。

1.5.1.2　阳极反应

冰晶石−氧化铝熔盐电解的阳极反应比较复杂，因为这里炭阳极本身也参与电化学反应，而在阴极反应中，铝阴极并不参与电化学反应。阳极主反应是络合阴离子中的氧离子在炭阳极上析出的电化学反应。在冰晶石−氧化铝溶液电解时，炭阳极上的一次反应是铝−氧−氟络合离子中的氧离子在炭阳极上放电，生成二氧化碳。

在电解生产中，阳极副反应主要是阳极效应，另外为溶解铝在阳极附近的氧化反应。

1.5.1.3　铝电解主要原材料消耗

据铝电解总反应式 $Al_2O_3+1.5C=\!=\!=2Al+1.5CO_2$ 求得：

(1) 氧化铝理论单耗为每 1 t 铝 1890 kg，考虑工业氧化铝中 Al_2O_3 纯度为 98.5%～99.0%以及生产中的机械损失，实际单耗在 1930 kg 左右。

(2) 炭的理论消耗量是每 1 t 铝 333 kg，实际生产中，由于炭素阳极与空气和 CO_2 反应引起化学消耗和机械损耗，再加上二次反应导致的电流效率降低，实际炭耗量为 450 kg 左右。

(3) 在电解过程中，电解质的各种成分都要发生变化，为保证电解质具有相对稳定的物理化学性质以满足电解过程的要求，必须经常调整电解质成分。进行调整时，要根据分析结果来决定调整所需的物料种类和数量。

关于调整电解质物质的量比，一般用氟化铝来降低电解质的物质的量比，用碳酸钠来提高物质的量比。工业氟化铝中含有结晶水，在添加过程中还有一些机械损失，故氟化铝的实际需要量可按理论量的 120%～130%来计算，而实际上，氟化铝需用量是通过以槽温等系列参数为主线分析槽况来确定的。

1.5.2　铝电解生产流程

现代金属铝的生产主要采用冰晶石−氧化铝融盐电解法。生产工艺流程如图 1−1

所示。

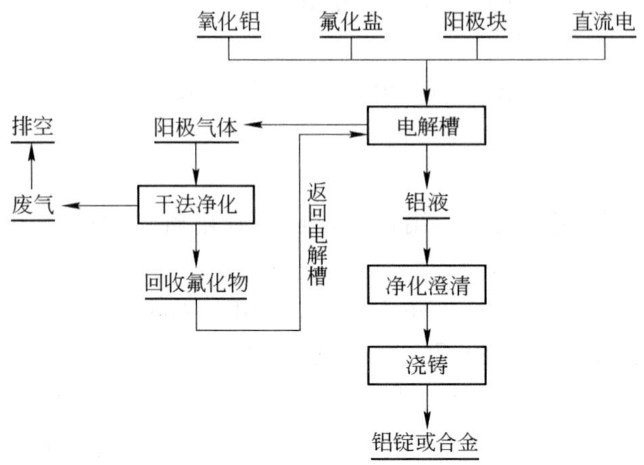

图 1-1　铝电解生产工艺流程

铝电解是在铝电解槽中进行的(见图 1-1),电解所用的原料为氧化铝,电解质为熔融的冰晶石,采用炭素阳极。电解作业是在 950~980℃下进行的,电解的结果是阴极上得到熔融铝和阳极上析出 CO_2。熔融铝因其密度大于电解质(冰晶石熔体)的密度而沉在电解质下部的炭素阴极上。定期用真空抬包将熔融铝从槽中抽吸出来,将装有金属铝的抬包运往铸造车间,在那里倒入混合炉,进行成分的调配,或者配制合金,或者经过除气和排杂质等净化作业后进行铸锭。槽内排出的气体,通过槽上捕集系统送往干式清洗器中进行处理,达到环境要求后再排放到大气中去。

复习思考题

1-1　铝的性质和用途有哪些?

1-2　铝电解原理与生产流程是怎样的?

1-3　铝电解吨铝生产主要原材料消耗是多少?

2 铝预焙阳极电解槽及附属设备

工业铝电解槽通常分为阴极结构、上部结构、母线结构及电气绝缘四大部分,因电解槽工艺制度不同,各部分结构也有较大差异。预焙槽所用的辅助设备主要有多功能天车和母线提升机。图 2-1 为预焙铝电解槽三维结构模拟图。

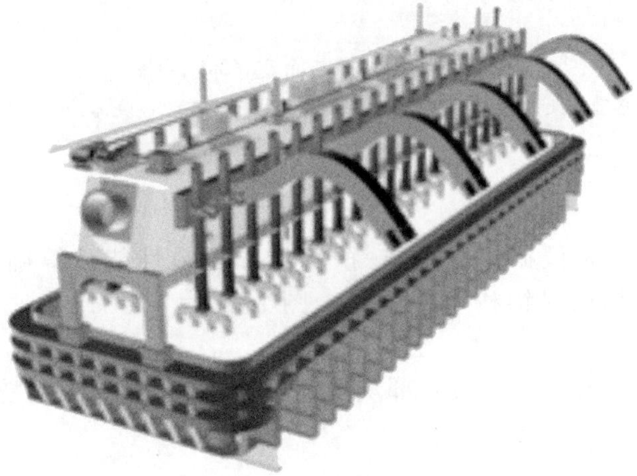

图 2-1　预焙铝电解槽三维结构模拟图

2.1　阴极结构

阴极结构是指电解槽槽体部分,是由槽壳和内衬构成的。

2.1.1　槽壳

槽壳为长方形钢体,外壁和槽壳底部用型钢加固,槽壳内有内衬砌体。它不仅是盛装内衬砌体的容器,而且还要克服内衬材料在高温下产生热应力和化学应力,约束其内衬不发生较大变形和断裂。因此,槽壳在熔池部位的周边都具有较大的刚度和强度。大型预焙电解槽一般采用刚性极大的摇篮式槽壳,如图 2-2 所示。

所谓摇篮式结构,实质上是 17 组“U”形约束架,也就是俗称的摇篮支架,紧密地卡住钢板焊成的壳体。摇篮支架具有较大的刚度和强度,壳体起容器作用。摇篮支架小面最外侧的两组与壳体焊成一体,其余均为用螺栓连接的可拆卸支架。

壳体内上口周边焊有槽沿板,可保护侧部炭块在打壳作业时不受机械损伤,并可有效地阻止侧部炭块上涨。

整个阴极槽壳支承在 2 根 250 mm 的工字钢梁上,横向固定在钢梁上的 4 根扁担托梁为阴极补偿母线的支架。

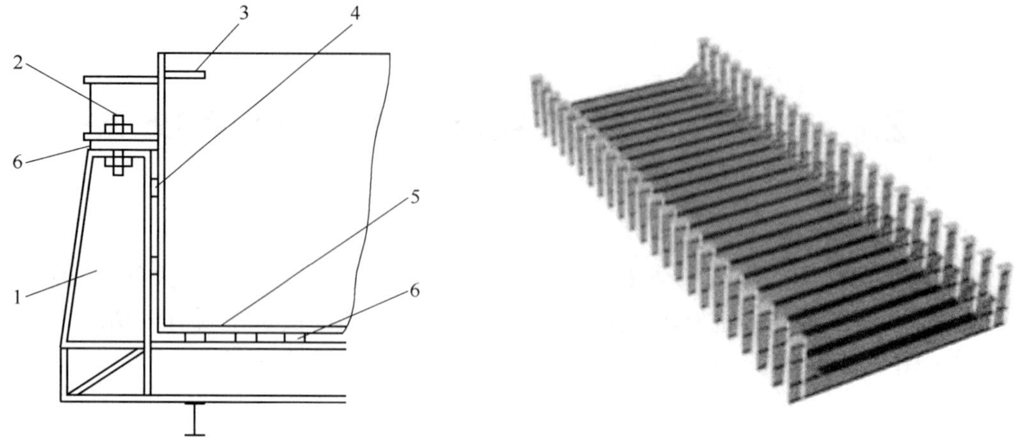

图 2-2　槽壳横断面及立体示意图

1—摇篮支架；2—连接螺栓；3—槽沿板；4—楔铁；5—壳体；6—石棉板

2.1.2　内衬

内衬砌体的构造，是根据工艺要求、槽容量和材料性能计算确定的，不同类型、不同容量、不同材料的槽内衬结构有所不同。图 2-3 为 160 kA 中心下料预焙槽的内衬结构。

槽底由 16 组通长的半石墨质底部炭块铺成，炭块间的缝隙用特制的“中间缝糊”扎

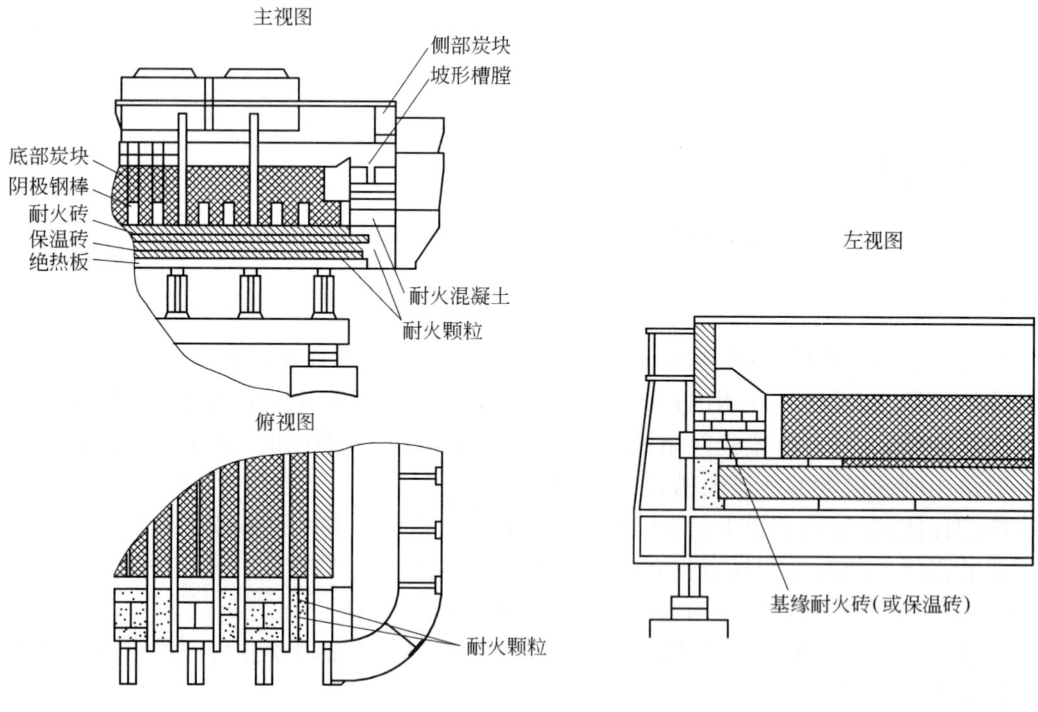

图 2-3　160 kA 中心下料预焙槽的内衬结构

固。熔池侧部由一层厚度为 123 mm 的侧部炭块背贴炭胶贴到钢壳体上。底部炭块和侧部炭块之间的周边缝用特制的“周围糊”扎成 200 mm 高的人造坡形“伸腿”（即在电解槽内电解质凝固在侧部形成的斜坡，其有保温、防止漏电、规整炉膛的作用）。

底部首先铺一层 65 mm 厚的硅酸钙质绝热板。绝热板上铺一层 5 mm 厚的耐火粉，借以保护绝热板。绝热板四周和钢壳的缝隙也用耐火粉填充，然后干砌两层保温砖，再用灰浆砌两层耐火砖。为了加大热绝缘，有的工厂还在保温砖和耐火砖之间铺一层 65 mm 厚的氧化铝粉。为进一步使熔体对保温材料的侵蚀降到最低程度，有的厂家在耐火砖和保温砖之间铺一块铁板，作为防渗隔离层。

侧部炭块（如图 2-4 所示）周边砌体的砌筑方法大小面不同，其两小面浇注绝热耐火混凝土，其两大面则是砌普通耐火砖。耐火砖与钢棒间留有 1.5 cm 的间隙，并用耐火颗粒料填充。这样不妨碍高温下阴极钢棒的伸长。

图 2-4 侧部炭块组

阴极炭块和阴极钢棒的连接是在阴极炭块组装工段的专门设备上进行的；炭块加热后，放钢棒入炭块槽中，用特制的“钢棒糊”分层扎实，如图 2-5 所示。

图 2-5 阴极炭块组

根据内衬排布分析，槽子的设计原则是：熔池底部有良好的保温，有利于电解槽在运行期间保持槽底的洁净；侧部散热条件较好，可促成侧部槽帮自然形成；侧块下部由于有阶梯形的耐火砖砌体的存在，加大了由该处散热的热阻，故能在一定程度上遏制伸腿过长。图 2-6 为内衬示意图。

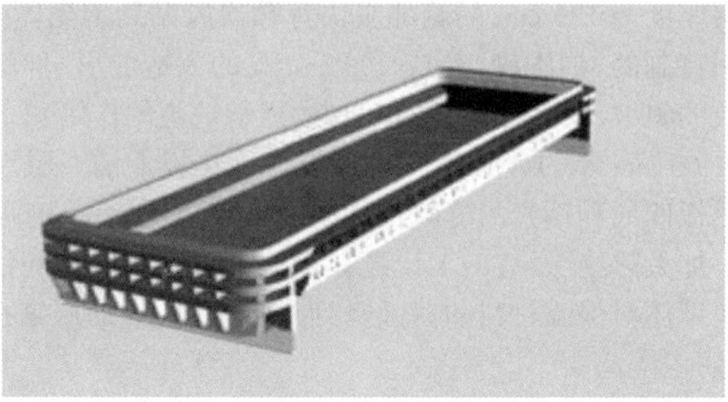

图 2-6 内衬结构

2.2 上部结构

槽体之上的金属结构部分,统称上部结构,分为门式支架及桁架、阳极提升装置、打壳下料装置、阳极母线和阳极组、集气和排烟装置。其结构简图如图 2-7 所示。

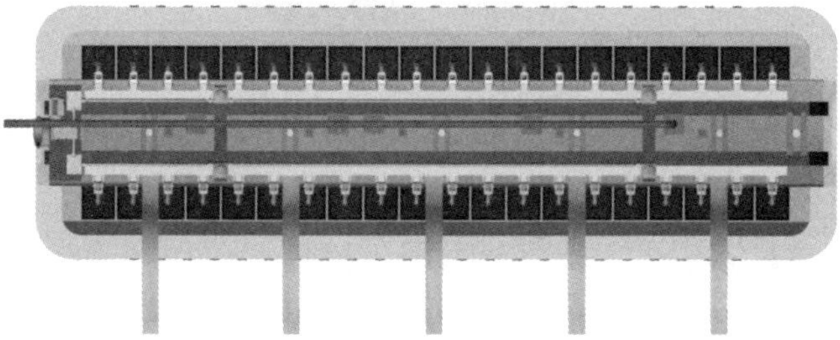

图 2-7 电解槽上部结构

2.2.1 门式支架及桁架

门式支架下端铰接在槽壳上,这种连接方式既消除了高温下桁架伸长的变形,又便于大修时拆卸。门式支架支承着包括预焙阳极块等在内的所有槽体上部的重量。门式支架及桁架的示意图如图 2-8 所示。

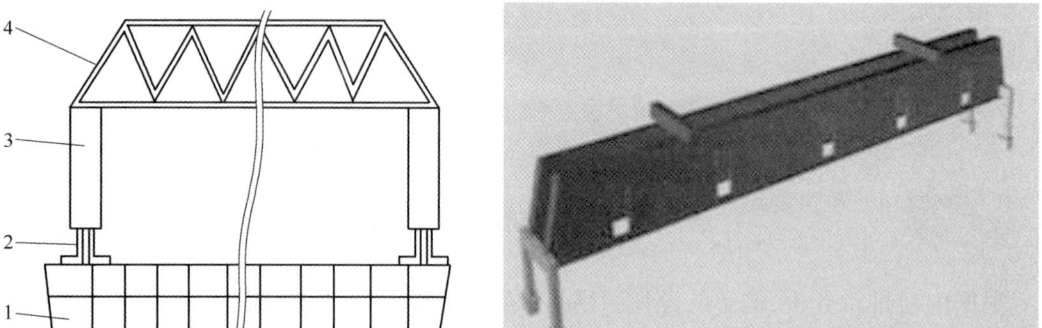

图 2-8 门式支架及桁架

1—槽壳; 2—铰接点; 3—门式支架; 4—桁架

2.2.2 阳极提升装置

阳极提升装置由螺旋起重机、减速机、传动机构和电动机组成，起升降阳极作用。提升机构安装在上部结构的桁架上，利用回转计和桁架上的标尺，可以很精确地显示阳极母线的行程位置。阳极提升装置如图 2-9 所示。

图 2-9 阳极提升装置

随炭阳极的消耗，阳极机构带动阳极炭块组下降，当降至最低位置时，通过抬升母线作业把水平母线提高，以保证在电解过程中阳极升降机构连续带动阳极炭块组下降，使阴、阳极间的间距相对稳定。现代大型预焙阳极均采用计算机控制阳极机构的下降。

2.2.3 阳极母线和阳极组

两个阳极大母线两端，悬挂在螺旋起重机丝杆上，阳极组通过卡具卡紧在大母线上。阳极大母线既承担导电，又承担阳极重量。

阳极组如图 2-10 所示，由阳极炭块、钢爪和铝导杆预先组装而成。钢爪与炭块用磷生

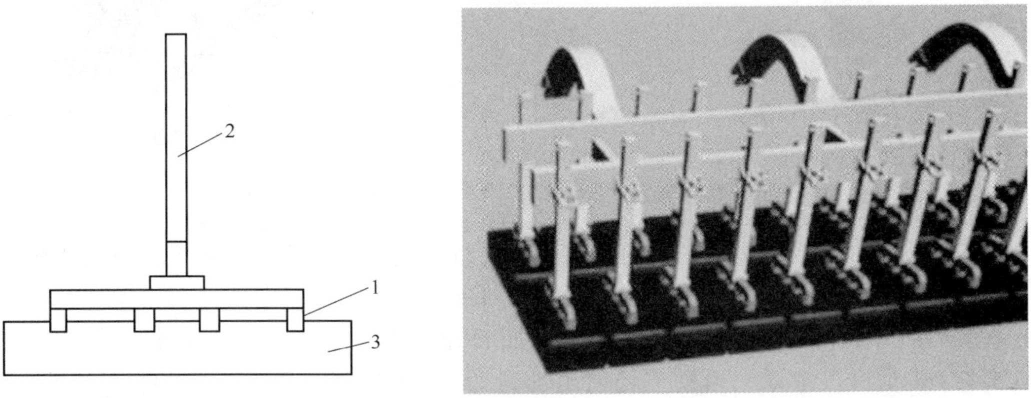

图 2-10 阳极组

1—钢爪；2—铝合金导杆；3—预焙阳极块

铁浇注连接,与铝导杆为铝-钢爆炸焊连接。阳极炭块是用石油焦、沥青焦为骨料,煤沥青为黏结剂制造并经焙烧而成,具有稳定的几何形状,一般为长方体。在其导电方向的上表面预先制有 2~4 个直径为 160~180 mm、深为 80~100 mm 的炭碗。在阳极组装时,钢爪安放到炭碗中,通过磷生铁浇注,使铝导杆和阳极炭块连为一体,组成阳极炭块组。阳极炭块根据电解槽电流的大小和工艺的不同而有不同的尺寸,但通过它的电流密度一般为 0.70~0.90 A/cm^2,使用周期为 20~28 d。

每个阳极炭块组由 2~4 个阳极炭块构成。炭块组的数量视电解槽的电流强度和阳极电流密度而定(一般为 10~40 组)。这些炭块组在槽内对称地排列在阳极水平母线的左右两侧,炭块组的铝导杆靠可转动的卡具固定在水平母线上,铝导杆起输送电流和吊挂炭块组的双重作用。

2.2.4　自动打壳下料装置

在中间下料预焙槽的上部大横钢框梁上设有打壳下料装置,如图 2-11 所示。打壳装置的作用是自动打开面壳往电解质中添加氧化铝,它由打壳气缸和打击头组成。打击头为一长方形钢锤头,通过锤头杆与气缸活塞相连。气缸充气活塞在运行时,便带动锤头上下运动,打击熔池表面的结壳。打壳锤头的数量根据电解槽的容量而定。

下料系统由槽上氧化铝料箱、下料器组成,如图 2-12 所示。近年来,国际上流行的是筒式下料器,如图 2-13 所示。

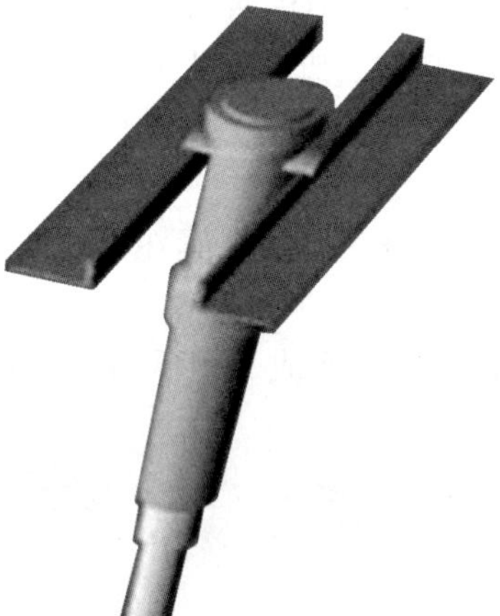

图 2-11　打壳装置

图 2-12　下料装置

筒式下料器加料充料时间短,定量较准确,特别适用于加料间隔较密的槽子使用,该下料器与料箱组合为一体。下料器由气缸带动一个在钢管中的透气钢丝活塞及一个下端装有钟罩的密封钢管组合而成。无加料命令时,气缸活塞处于上限位置,此时钟罩密封,其充料口敞开。当槽控箱发出加料命令时,程序首先使 SW2 通,让低压风进入料箱,流态化的氧化铝从充料口涌入定容室,同时风从另一支路进入透气活塞上部空间,形成一定的清扫压力;接着程序使 SW2 闭,SW1 接通上面进气口,使气缸活塞下移;活塞带动活塞杆上的透气活塞及钟罩也相应下移同样距离;这时,透气活塞挡住了充气口,杜绝了料箱中的料顺势流入,并只允许定容室中的物料随着钟罩的打开而卸出,保证了下料的准确性。

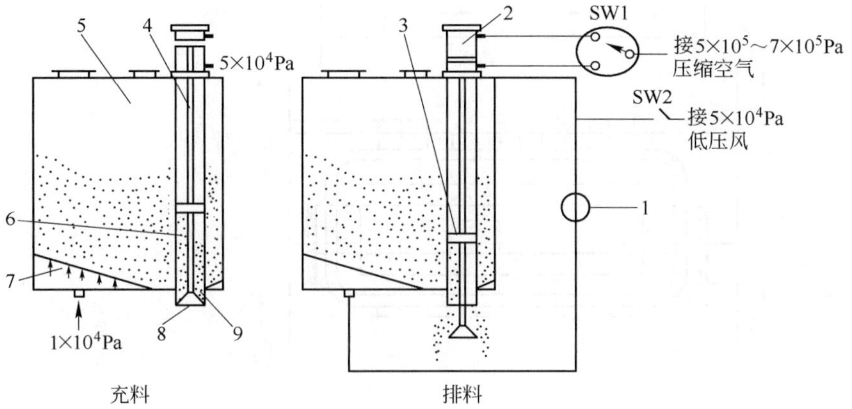

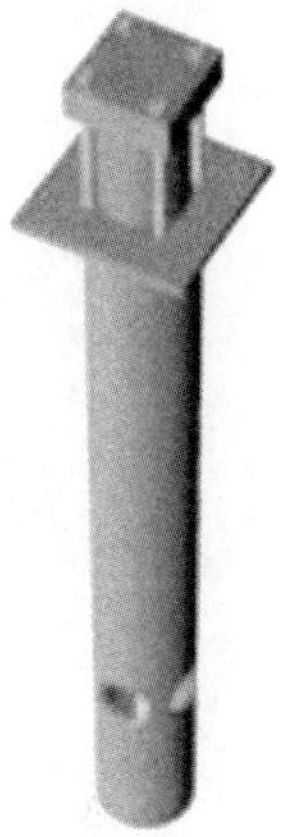

图 2-13 筒式下料器原理图

1—减压阀、SW1 及 SW2 电磁阀;2—气缸;3—透气活塞;4—活塞杆;5—料箱;6—充料口;7—帆布;8—密封钟罩;9—定容室

2.2.5 集气烟罩及排烟支管

预焙槽上部结构盖板和槽的周围有可人工移动的铝合金槽罩密封。槽罩分为大面罩、角部罩和小面罩,具体数量根据槽的不同容量而不同。

槽子产生的烟气由上部结构下方的集气箱汇集到支烟管后,再进入到墙外总烟管去净化系统,如图 2-14 所示。

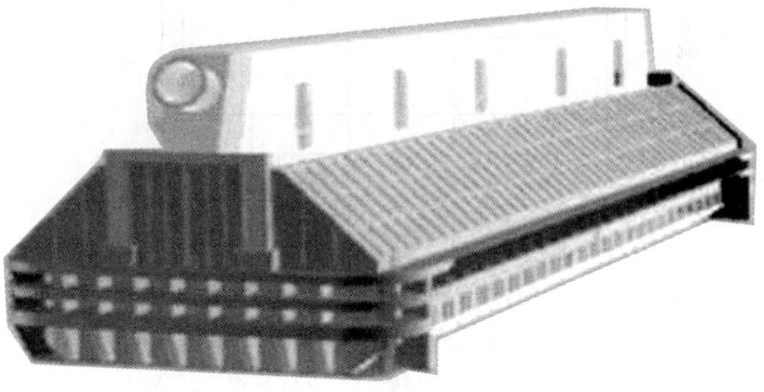

图 2-14 集气烟罩及排烟支管

2.3 母线结构

整流后的直流电通过铝母线引入电解槽,槽与槽之间通过铝母线串联而成,所以电解槽有阳极母线、阴极母线、立柱母线和软带母线。阳极母线属于上部结构。

母线不仅被看成是电流的导体,而且它所产生的磁场对电解过程的影响更值得注意。

以前大型中间下料预焙槽上均采用了横向排列、双端进电、出电侧阴极母线沿槽大面汇集、进电侧阴极汇集母线绕槽底中心然后转直角由小面中心引出的母线配置方案，如图 2-15 所示。

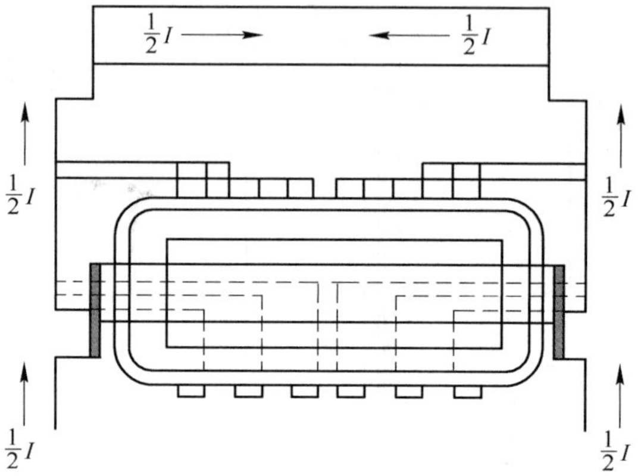

图 2-15　有补偿线的横向排列双端进电母线配置

随着技术的进步，又出现了可有效降低铝液中垂直磁场的大面多点进电和与之相适应的母线配置方案。目前国内新建成及在建的铝厂大多选用多点进电的母线配置。图 2-16 为大面四点进电 160 kA 槽母线配置示意图。

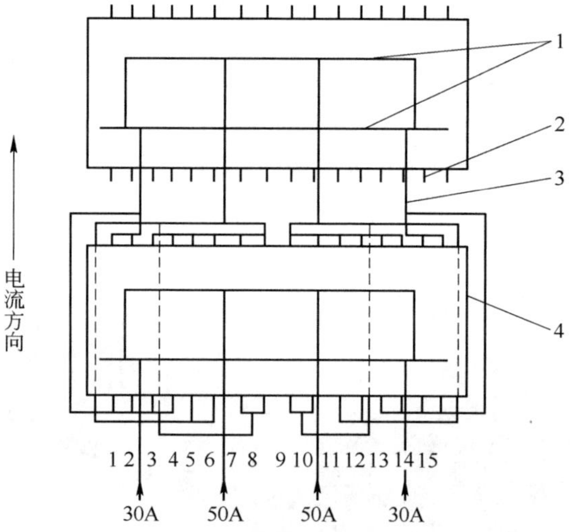

图 2-16　大面四点进电 160 kA 槽母线配置

1—阳极母线；2—阴极棒；3—立柱母线；4—槽壳

2.4　短路口装置

短路口主要由铝母线、绝缘护板、螺栓、绝缘套管、垫片组成。其结构如图 2-17 所示。其主要功能是在电解槽运行时用绝缘板对两根短路母线进行隔离，起到绝缘作用，以防止两根母线发生短路现象；在电解槽停槽时，取出绝缘板，两根母线紧密接触，使其短路，电路绕过已停电解槽，达到电路畅通的目的。

图 2-17 短路口结构

2.5 抬包

真空抬包由包体、吊杆、横梁和传动装置等组成，承担着铝液的暂时存放和运输工作。真空抬包的结构如图 2-18 所示。

图 2-18 真空抬包

2.6 多功能天车及母线提升机

2.6.1 多功能天车

多功能天车是大型预焙电解槽系列电解车间唯一的、集完成预焙槽主要作业功能于一身、为人力和其他机械所不能替代的作业机械。

虽然各厂采购的天车厂家或型号不同，但多功能天车的结构基本类似，主要由大车、工具小车、出铝小车、辅助提升机(固定吊)、空压机五部分组成，如图 2-19 所示。多功能天车上安装的主副提升系统、液压扭拔系统、压缩空气及打壳系统、氧化铝接受及下料系统，承担了更换阳极、往阳极上添加氧化铝保温料、出铝、大面及小面打壳和输送氧化铝到电解槽料箱等任务。

图 2-19　多功能天车组成

2.6.2　母线提升机

母线提升机是进行母线提升的专用设备，作用是将铝导杆固定在提升机上，避免阳极在提升阳极母线时发生移动。

阳极提升机构由螺旋起重机、减速机、传动机构和马达组成，起升降阳极作用，如图 2-20 所示。

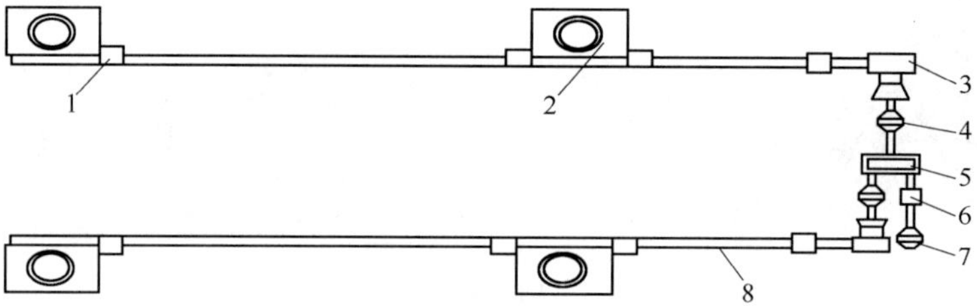

图 2-20　阳极提升装置

1,6—联轴节；2—螺旋起重机；3—换向器；4—齿条联轴节；
5—减速箱；7—马达；8—传动轴

4 个螺旋起重机与阳极大母线相连，由传动轴带动起重机，传动轴与减速箱齿轮通过联轴节相连，减速箱由马达带动。当马达转动时便通过传动机构带动螺旋起重机升降阳极大母线，固定在大母线上的阳极随之升降。

提升机构安装在阳极结构的架上，其行程为 400 mm，在架上有明显的标尺，可以显示阳极母线的行程位置。

2.7 电解车间

铝电解车间是直接生产铝液的场所,其长度、宽度依电解槽的容量、数量及排列方式而定。电解厂房有两种结构,一种是单层结构,一种是双层结构。厂房内主要设备是电解槽,为完成电解生产的需要,厂房内配有天车等大型设备。电解生产所需的能源——直流电由建在厂房一端的整流所供给。与电解生产配套的工序有铸造厂房、净化系统、计算机控制室、维修等辅助部门。

铝电解生产通常是将一个整流器出来的直流电流所流经的所有电解槽作为一个生产系列。一个生产系列可设在一个电解厂房内,也可设在两个厂房内,但通常都设在两个厂房内,在两个厂房之间设有氧化铝贮仓,以供整个系列使用。图 2-21 为电解车间示意图。

图 2-21 电解车间

电解厂房内的电解槽排列方式有纵向排列、横向排列两种,每种排列方式又有单行排列和双行排列之分。

纵向排列就是电解槽纵轴与电解厂房的纵轴平行,如图 2-22 所示,横向排列就是电解槽的纵轴与电解槽的纵轴相垂直,如图 2-23 所示。

无论哪种排列方式,系列中的电解槽都是串联的。直流电从整流所的正极经铝母线送

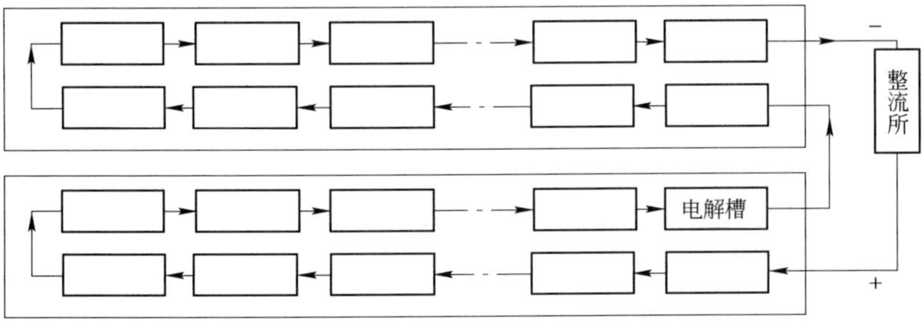

图 2-22 纵向排列

到电解槽的阳极，通过电解质层和铝液层导至阴极，串联到下一台电解槽的阳极，以此类推，从最后一台电解槽的阴极流出的电流经铝母线送回整流所的负极，构成一个封闭的回路，每个系列的电解槽数必定是偶数。

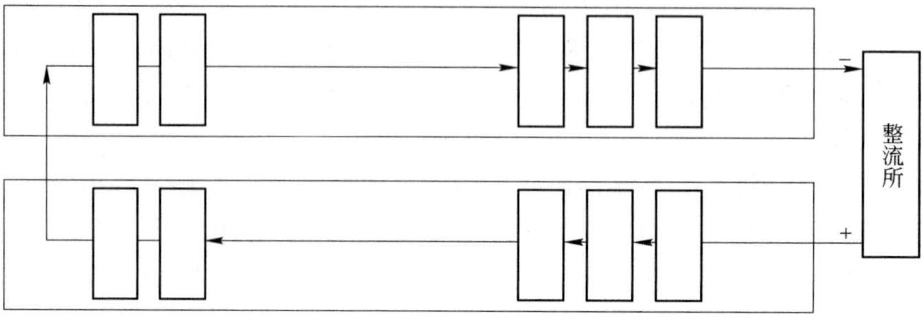

图 2-23　横向排列

直流电的电源一般是硅整流器，安装在整流所内。整流所靠近系列，这样的配置可以减少母线投资，降低母线消耗。

大型预焙电解槽在电解厂房内一般采取横向单列布置。

为了降低母线电流密度，减少母线电压降，降低造价，电解槽均采用大断面的铸造铝母线，只有在转带和少数异型连接处采用压延铝板焊接。

复习思考题

2-1　铝电解的槽型有几种？

2-2　铝电解系列电解槽的排列有几种？

2-3　铝电解车间由哪些部分组成？

2-4　预焙阳极电解槽由几部分构成？

3 铝电解用原料与原材料

铝电解所用的原料为氧化铝,辅助原材料为冰晶石、氟化铝、氟化钙及预焙阳极块、炭素阴极块,除此之外铝电解过程中还要消耗大量的电能。

3.1 氧化铝(Al_2O_3)

氧化铝是电解生产金属铝的原料。氧化铝是一种白色粉末,熔点为2050℃,真密度为3.5~3.6 g/cm^3,堆积密度为1 g/cm^3 左右。氧化铝不溶于水而能溶解于熔融的冰晶石中。工业氧化铝一般含 Al_2O_3 98%左右。为了得到优质金属铝,要求原料氧化铝化学纯度高、化学活性大、物理性能好及粒度适中。

3.1.1 化学纯度

氧化铝中含有少量杂质如 SiO_2、Fe_2O_3、TiO_2、Na_2O、CaO 等。在电解过程中,比铝更具正电性的金属氧化物(SiO_2、Fe_2O_3、TiO_2)将会被电解析出的铝还原成金属进入铝液,从而污染金属铝,降低质量品级。比铝更具负电性的金属氧化物(Na_2O、CaO)则会与冰晶石发生反应,从而使电解质成分发生改变而影响电解过程,增大氟盐的消耗。水分的存在同样会分解冰晶石,还能生成有害的氟化氢气体而污染环境,并增加液体铝中的氢含量。另外氧化铝应该具有较小的吸水性,潮湿料进入槽内会引起电解质的爆炸。所以,铝电解生产对氧化铝的纯度提出了严格要求。表3-1列出了我国的氧化铝成分质量标准。

表3-1 我国氧化铝成分质量标准(YS/T274—1998)

牌号	化学成分(质量分数)/%				
	Al_2O_3(不小于)	杂质(不大于)			
		SiO_2	Fe_2O_3	Na_2O	灼减
AO-1	98.6	0.02	0.02	0.50	1.0
AO-2	98.4	0.04	0.03	0.60	1.0
AO-3	98.3	0.06	0.04	0.65	1.0
AO-4	98.2	0.08	0.05	0.70	1.0

3.1.2 物理性能

氧化铝的物理性能对铝电解生产很重要。电解炼铝对氧化铝物理性能的要求如下:

(1) 氧化铝在冰晶石电解质中的溶解速度要快。

(2) 输送加料过程中,氧化铝飞扬损失要小,以降低氧化铝单耗指标。

(3) 氧化铝能在阳极表面覆盖良好,减少阳极氧化。

(4) 氧化铝作为铝电解生产的主要槽面保温材料,应具有良好的保温性能,以减少电解槽的热量损失。

(5) 氧化铝应具有较好的化学活性和吸附能力来吸附电解槽烟气中的氟化氢气体。

(6) 采用风动输送系统时,要求氧化铝的流动性要好。

可见,铝电解生产除要求氧化铝能快速溶解于电解质中,还要求氧化铝对氟化氢气体有较好的吸附能力。氧化铝的晶型结构是决定其物化性能的主要因素,不同晶型结构的氧化铝其物化性能是不一样的:$\gamma-Al_2O_3$ 化学活性大,能较快溶解于电解质中,并对氟化氢气体有较好的吸附能力;而 $\alpha-Al_2O_3$ 化学活性小,在电解质中的溶解速度慢,对氟化氢气体的吸附能力较差,但导热系数低,保温性能好。所以要求氧化铝中 $\gamma-Al_2O_3$ 和 $\alpha-Al_2O_3$ 的比例要适当,既要容易溶解于电解质中,又不能吸附能力过大,造成氧化铝吸水性太强和保温性能差。

根据物理性能的不同,氧化铝一般分成三类:砂状、面粉状和中间状。表 3-2 列出了不同类型氧化铝的物理性能。

表 3-2　不同类型氧化铝的物理性能

氧化铝类型	安息角/(°)	灼减/%	$\alpha-Al_2O_3$ /%	真密度 /$g\cdot cm^{-3}$	假密度 /$g\cdot cm^{-3}$	比表面积 /$m^2\cdot g^{-1}$	平均粒度 /μm
砂　状	30~35	1.0	25~35	<3.7	>0.85	>35	80~100
面粉状	40~45	0.5	80~95	>3.9	<0.75	2~10	50
中间状	35~40	0.5	40~50	<3.7	>0.85	>35	50~80

从表 3-2 中看出,砂状氧化铝呈球状,颗粒粗,安息角小,$\gamma-Al_2O_3$ 含量较高,具有较大的化学活性和流动性,适于风动输送、自动下料的电解槽使用以及在干法气体净化中作氟化氢气体的吸附剂。面粉状氧化铝呈片状和羽毛状,颗粒较细,安息角大并且 $\alpha-Al_2O_3$ 含量达到 80%以上,保温性能好。中间状氧化铝介于两者之间。

目前,大型预焙槽生产已成为铝电解生产的主要方式,对砂状氧化铝的需求越来越大。我国砂状氧化铝的质量标准见表 3-3。我国砂状氧化铝标准分成 A、B 和 C 三种。A 型适用于有干法烟气净化设施的铝电解生产。B 型适用于无干法净化设施的铝电解生产。C 型是由于氧化铝生产工艺技术达不到 A 型和 B 型的标准而暂时制定的。表中的主要指标项目是必须达到的,从属指标项目则可适当放宽。

表 3-3　我国砂状氧化铝的物理性能标准

项　目		A		B	C
		一 般	最 好		
主要指标	比表面积/$m^2\cdot g^{-1}$	45~65	50~60	40~55	>35
	-44 μm 粒子/%	<15	<10	<20	<35
	破损系数/%	<18	<12	<20	<40
	堆积密度/$g\cdot cm^{-3}$	0.95~1.05	0.95~1.05	0.95~1.05	0.95~1.05
从属指标	$\alpha-Al_2O_3$/%	18~24	19~22	20~26	<35
	灼减/%	0.8~1.2	0.9~1.1	0.68~1.0	>0.55

表征氧化铝物理性能的概念释义如下:

(1) 安息角——物料在光滑平面上自然堆积的倾角(图 3-1 中的 θ 角),是表示氧化铝流动性能好坏的指标。安息角越大,氧化铝的流动性越差;安息角越小,氧化铝的流动性越好。

(2) 灼减——残存在氧化铝中的结晶水含量。

(3) 比表面积——单位质量物料的外表面积与内孔表面积之和的总表面积,是表示氧化铝化学活性的指标。比表面积越大,氧化铝的化学活性越好,越易溶解;比表面积越小,氧化铝的化学活性越差,越不易溶解。

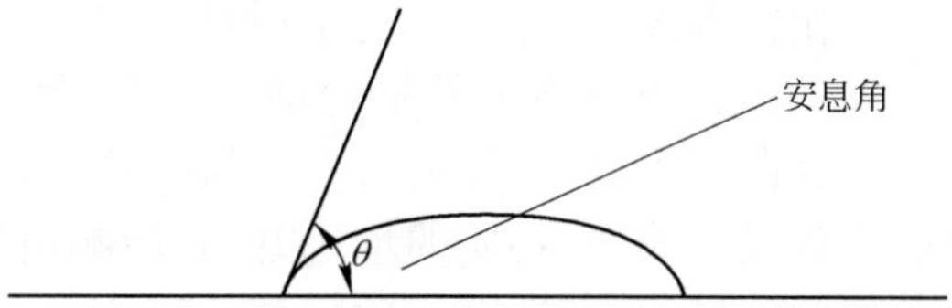

图 3-1 安息角

(4) 堆积密度(也称体积密度)——在自然状态下单位体积物料的质量。通常堆积密度小的氧化铝有利于在电解质中溶解。

(5) 真密度——不包括内、外气孔体积的单位体积物料的质量(内气孔是指物料中不与大气相通的气孔,外气孔是指物料中与大气相通的气孔)。

(6) 假密度——不包括外气孔体积的单位体积物料的质量。

(7) 粒度——氧化铝颗粒的粗细程度。过粗的氧化铝在电解质中的溶解速度慢,甚至沉淀;而过细的氧化铝则飞扬损失加大。

(8) 破损系数——氧化铝的强度指标,是指氧化铝在载流流化床中循环 15 min 后,试样中-44 μm 粒子含量改变的百分数。

3.2 熔剂——氟化盐

铝电解生产中用的熔剂氟化盐有冰晶石、氟化铝以及作为添加剂使用的氟化钙、氟化镁、氟化锂等几种。

3.2.1 冰晶石(Na_3AlF_6)

冰晶石是氧化铝的熔剂,是组成电解质的主要成分。冰晶石呈白色粉末状,不溶于水,熔点为 1000℃,是一种稳定的化合物。天然冰晶石储量很少,现代铝电解工业使用的冰晶石为人工合成冰晶石。表 3-4 列出了人造冰晶石的质量标准。

表 3-4 人造冰晶石质量标准(GB/T4291—2007)

牌 号	化学成分(质量分数)/%									物理性能
	F	Al	Na	SiO_2	Fe_2O_3	SO_4^{2-}	CaO	P_2O_5	湿存水	烧减量
	不小于		不大于							
CH-0	52	12	33	0.25	0.05	0.6	0.15	0.02	0.2	2
CH-1	52	12	33	0.36	0.08	1	0.2	0.03	0.4	2.5
CM-0	53	13	32	0.25	0.05	0.6	0.2	0.02	0.2	2
CM-1	53	13	32	0.36	0.08	1	0.6	0.03	0.4	2.5

冰晶石作为熔剂,从理论上讲,在电解过程中是不消耗的,但在实际中,由于存在挥发损失、炭素内衬的吸附和机械损失等原因,冰晶石在生产中有一定的消耗量,一般情况下,每生产 1 t 铝的冰晶石消耗为 5~15 kg。

3.2.2　氟化铝(AlF_3)

氟化铝为人工合成产品,呈白色粉末状,其沸点为1260℃,挥发性很大。在电解生产过程中,一方面,电解质中的氟化铝会挥发,另一方面,原料氧化铝所含的氧化钠(Na_2O)和水分(H_2O)在进入电解质中后,也会与电解质发生化学反应,生成氟化钠和氟化氢,从而使电解质成分发生改变,物质的量比升高,影响电解生产。所以添加氟化铝的目的就是调整电解质的物质的量比,保证电解质成分的稳定。其吨铝消耗量为20~30 kg。表3-5列出了铝电解用氟化铝的质量标准。

表3-5　氟化铝质量标准(GB/T 4292—2007)

牌　号	化学成分(质量分数)/%								物理性能
	F	Al	Na	SiO_2	Fe_2O_3	SO_4^{2-}	P_2O_5	烧失量	松装密度 $/g\cdot cm^{-3}$
	不小于		不大于						不小于
AF-0	61	31.0	0.30	0.10	0.06	0.10	0.03	0.5	1.5
AF-1	60	31.0	0.40	0.30	0.10	0.6	0.04	1.0	1.3
AF-2	58	29.0	2.8	0.30	0.12	1.0	0.04	5.5	0.7
AF-3	58	29.0	2.8	0.35	0.12	1.0	0.04	5.5	0.7

3.2.3　氟化钠(NaF)

氟化钠为白色粉末,具有碱性,是一种添加剂。在电解槽开动初期电解质被炭素内衬选择性吸附造成物质的量比下降时加入。氟化钠也可用碳酸钠代替使用,效果一样。工业上要求氟化钠中的NaF含量(质量分数)不小于94%。氟化钠质量标准见表3-6 。

表3-6　氟化钠质量标准(YS/T 517—2006)

等　级	化学成分(质量分数)/%						H_2O
	NaF	SiO_2	Na_2CO_3	硫酸盐(SO_4^{2-})	酸度(HF)	水中不溶物	
	不小于	不大于					
一级	98	0.5	0.5	0.3	0.1	0.7	0.5
二级	95	1.0	1.0	0.5	0.1	3	1.0
三级	84		2.0	2.0	0.1	10	1.5

3.2.4　氟化钙(CaF_2)

氟化钙(也称萤石)为天然矿物质,呈暗红色粉末状,是一种添加剂,能降低电解质的熔点和改善电解质的性质。常在电解槽启动装炉时用,目的是有利于形成坚固炉帮。对氟化钙的质量要求是:$w(CaF_2)\geqslant 95\%$,$w(CaCO_3)\leqslant 2\%$,$w(SiO_2)\leqslant 1.5\%$,$w(Al_2O_3+Fe_2O_3)\leqslant 0.5\%$,$w(H_2O)\leqslant 1\%$。

3.2.5　氟化镁(MgF_2)

氟化镁呈暗红色粉末状,是一种添加剂,比氟化钙更能降低电解质的熔点和改善电解质的性质。其吨铝消耗量为 3~5 kg。

3.3 阳极材料

预焙阳极由预先焙烧好的多个阳极炭块组成,每个阳极炭块组由 2~4 个阳极炭块及导杆、钢爪等组成(结构见图 2-10)。炭块的数量和尺寸视电解槽的容量和电流密度而定(一般为 10~40 组)。预焙阳极多为间断式工作,每组阳极可使用 18~28 d。当阳极炭块被消耗到原有高度的 25%左右时,为了避免钢爪熔化,必须将旧的一组阳极炭块吊出,用新的阳极炭块组取代,取出的炭块称为“残极”。预焙阳极操作简单,没有沥青烟害,易于机械化操作和电解槽的大型化,因此,国内外新建大型铝厂以及自焙阳极电解槽的改造都采用此种阳极。

3.3.1 预焙阳极块的质量标准

预焙阳极块是将炭块糊经压挤或振动成形后,又经高温焙烧后制成的。根据阳极排列与组数的不同,预焙阳极块的长度各有不同,而宽度一般在 500~750 mm 之间;至于高度则要考虑阳极电压降和残极率的问题,高度如果偏高,会使阳极的电压降升高,高度如果偏低,残极率又会相对增大,增加炭耗,所以有一适宜高度,如 550 mm。国外用振动成形法生产的阳极炭块,最大的尺寸为 2250 mm×750 mm×2500 mm,单块重为 2500 kg。

表 3-7 列出了预焙阳极块的理化标准。

表 3-7 预焙阳极块的理化标准(YS/T 285—2007)

牌 号	灰分/%	线膨胀系数 /K^{-1}	电阻率 /μΩ · m	耐压强度 /MPa	CO_2 反应性 (残极率)/%	表观密度 /g · cm^{-3}	真密度/g · cm^{-3}
	不大于			不小于			
TY-1	0.50	0.5	55	3.2	80	1.53	2.04
TY-2	0.80	0.6	60	3.0	70	1.50	2.00

除上述物理指标外,在外观和杂质含量上也有要求:

(1) 成品表面黏接的填充料必须清理干净。

(2) 成品表面的氧化面积不得大于该表面积的 20%,深度不得超过 5 mm。

(3) 成品掉棱长度不大于 300 mm,深度不大于 60 mm,不得多于两处。

(4) 棒孔或孔边缘裂纹长度不大于 80 mm,孔与孔之间不能有连通裂纹。

(5) 大面裂纹长度不大于 200 mm,数量不多于 3 处。

(6) 组装炭块的铝导杆弯曲度不大于 15 mm。

(7) 组装炭块焊缝不脱焊,爆炸焊片不开缝。

(8) 磷生铁浇注饱满平整,无灰渣和气泡。

(9) 杂质含量尽量少。

3.3.2 铝导杆组的质量标准

铝导杆组是预焙阳极块与阳极水平母线的连接设施。预焙阳极块上有预先留出或铣出的圆锥台型孔(也称炭碗),铝导杆上的钢爪插入炭碗并被磷生铁浇注,从而使铝导杆与预焙阳极构成一体。铝导杆组是电解槽上重要的辅助器材,其质量标准如下:

(1) 根据电解槽电流强度的不同,其铝导杆长度是不相同的。一般边部下料预焙槽为1700~2000 mm,中间下料预焙槽为1800~2000 mm,低于1700 mm则不能使用。弯曲度每米不超过8 mm。

(2) 导杆表面应平滑,损伤面积累计不得超过90 cm^2。

(3) 爆炸块表面平整光滑,不得有裂纹和炸裂现象。

(4) 爆炸焊块规格为165 mm×165 mm×52 mm,铝钢结合面大于98%,抗拉强度不小于110 MPa。

(5) 钢爪棒径135 mm±1 mm,爪趾高280 mm。

(6) 钢爪顶面与四爪底面应平行,四爪应在同一轴线上。

(7) 铝导杆与爆炸块和钢爪焊接要均匀、饱满,无夹渣气孔、咬边、裂纹等缺陷(所有焊接处都不允许有裂纹)。

(8) 铝导杆要与钢爪长度方向平行,与钢爪宽度方向垂直。

3.3.3 磷生铁的质量标准

磷生铁是预焙阳极块与铝导杆进行连接的浇注料,其质量标准如下:

(1) 化学成分应符合 $w(C)=2.6\%\sim3.5\%$、$w(Si)=2.5\%\sim3.5\%$、$w(P)=0.8\%\sim1.6\%$、$w(Mn)\leqslant0.9\%$、$w(S)\leqslant0.1\%$。

(2) 铁水出炉温度为1400℃±50℃。

3.3.4 成品阳极组的质量标准

成品阳极组除应符合以上炭块、导杆组和磷生铁的质量标准外,还应达到如下标准:

(1) 浇注温度为1350℃±50℃,浇注铁水应注满棒孔,凝固生铁上表面与炭块上表面的距离不大于10 mm。

(2) 铝导杆与炭块工作面垂直,垂直度偏差不得大于3°。

(3) 磷铁环要饱满、平整,炭块表面要清理干净。

3.4 阴极炭素材料的作用、种类及性能要求

3.4.1 阴极炭素材料的作用

铝电解槽紧贴熔融铝池的内衬由阴极炭素材料及其附件构成,尤其是底部内衬,一直用炭素材料制作。它有两个作用,一是用作盛熔融铝和电解质的耐火容器,二是用来传导电流。

3.4.2 阴极炭素材料的分类

通常铝电解阴极炭块按照生产中所用材料进行分类,根据国际上通用的方法可分为半石墨质阴极炭块、半石墨化阴极炭块、石墨化阴极炭块、无烟煤质炭块(无定型炭质炭块)四类。评价阴极炭块主要性能指标包括热导率、电阻率、抗热冲击性能、抗冲蚀能力、抗压强度、抗Ropoport效应(抗钠渗透)等,详见表3-8、表3-9。

表 3-8　铝电解用普通阴极炭块标准（YS/T 286—1999）

牌　号	灰分/%	破损系数 /%	电阻率 /μΩ·m	耐压强度 /MPa	体积密度 /g·cm^{-3}	真密度 /g·cm^{-3}
	不大于			不小于		
TKL-1	9	1.5	55	3.2	1.54	1.86
TKL-2	10	1.5	60	3.0	1.52	1.84

表 3-9　铝电解用半石墨阴极炭块理化性能指标（YS/T 287—2005）

牌　号	灰分 /%	线膨胀系数/%			电阻率 /μΩ·m	杨氏模量 /GPa	抗折强度 /MPa	耐压强度 /MPa	电解膨胀率 /%	表观密度 /g·cm^{-3}	真密度 /g·cm^{-3}
		250℃	500℃	950℃							
	不大于						不小于				
BSL-1	0.50	0.08	0.25	0.5	40	10	7.5	3.2	0.7	1.56	1.90
BSL-2	0.80	0.08	0.25	0.5	43	10	7.0	3.0	1.0	1.54	1.88

按照铝电解槽构成炭阴极的部分及作用，阴极炭块又可分为由侧部炭块和炭糊构成的电解槽侧部，由底糊捣打或异型炭块构成的人造伸腿，由底部炭块组、底糊构成的电解槽底部，以及底块下方用底糊捣打的一层炭垫等四类。图 3-2 所示为侧部炭块种类。

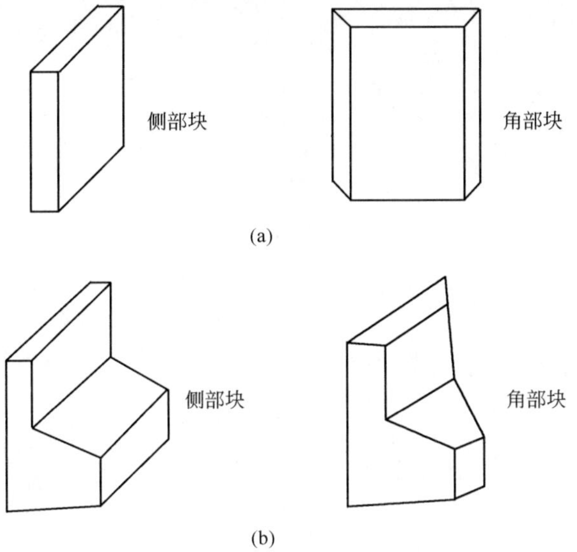

图 3-2　侧部炭块种类
（a）普通型；（b）异型

3.4.3　阴极炭素材料的性能要求

铝电解生产对炭素阴极的要求是耐高温、耐熔盐及铝液侵蚀，有较高的电导率和一定的机械强度，以保证电解槽有较长的使用寿命和有利于降低铝生产成本。

我国铝电解槽平均槽寿命短、单位面积产量偏低及能量效率偏低的主要原因之一就是阴极炭素材料的质量和研究水平都一直远远落后于国际先进水平。改善这种状况的根本措施之一就是采用新一代的阴极内衬材料，提高炭素内衬材料的质量。

复习思考题

3-1　铝电解生产所用原料氧化铝应满足哪些要求？

3-2　铝电解生产所用氟化盐种类及性能要求有哪些？

3-3　简述铝电解生产预焙阳极的组成及作用、性能要求。

3-4　简述铝电解生产阴极炭素材料的作用、种类及性能要求。

4 铝电解槽的安装、焙烧和启动

4.1 铝电解槽的安装

4.1.1 施工前的准备和要求

铝电解新建厂房土建工程的验收工作非常重要。必须依据《建筑地面工程施工质量验收规范》(GB 50209—2002),按设计要求认真组织验收。只有在完全达到厂房土建工程验收标准符合设计要求之后,并且厂房内外具备了汽车通行条件,才能开始筑炉施工。施工前应制订施工计划,内容包括劳动组织、材料供应、施工进度及措施等。

冶金炉砌筑规范规定:施工现场和砌体周围环境温度应保持室温不低于5℃,砌筑所用材料应高于0℃;砌炉用的耐火材料及隔热等其他材料不得受潮湿,也不允许接触酸、碱、油漆等;砌炉施工现场要求良好的照明条件,保证施工质量,为此,在电解厂房内槽上应备有临时照明电源。

铝电解槽砌筑材料应按如下标准准备:

(1) 耐火材料。黏土质耐火砖的要求如表4-1所示。

表4-1 黏土质耐火砖的尺寸允许偏差和外观

项 目			指 标
尺寸允许偏差	尺寸不大于100 mm		±2 mm
	尺寸101~150 mm		±2.5 mm
	尺寸151~300 mm		±2%
扭 曲	长度不大于230 mm	不大于	2 mm
缺棱、缺角深度			2 mm
溶洞直径			2 mm
渣蚀厚度小于1 mm			在砖的一个面上允许有
裂 纹	宽度不大于0.25 mm		不限制
	宽度0.26~0.5 mm		60 mm
长 度	宽度大于0.5 mm		不准有

(2) 炭素材料。

1) 阴极炭块(质量要求见表4-2)。

底块:表面应平整;工作表面和加工槽内表面无裂纹、疏松、空穴;无表面跨棱、跨角的裂纹;表面长度上的弯曲度及两相对面的平行度达到规定要求。

侧块:侧块外观要求相对应的两个面的平行误差在±2 mm以内;表面要清洁、平坦、光滑、无沟槽、无空穴、无分层及夹杂物。

角块：加工后尺寸允许偏差长度、厚度、宽度不大于±5 mm。

表 4-2　炭块加工后的尺寸允许误差

名　称	宽度/mm	厚度/mm	长度/mm	直角度/(°)
	允许偏差(不大于)			
底部炭块	±2	±4	±12	±0.4
侧部炭块	±3	±3	±5	±0.4
角部炭块	±5	±5	±5	

2）糊料。

半石墨周围糊：适用于填充底部炭块与侧部炭块的接缝及耐火砖之间较宽缝隙。

半石墨炭间糊：适用于填充炭块与炭块之间的缝隙。

半石墨钢棒糊：适用于填充阴极钢棒与阴极炭块之间的缝隙。

（3）隔热材料及胶结料。

1）硅酸钙板。硅酸钙板的质量要求如表 4-3 所示。

表 4-3　硅酸钙板的尺寸允许偏差和外观缺陷

名　称	尺寸允许偏差/mm			外观缺陷/个	
平　板	长	宽	厚	缺　棱	缺　角
	±4	±4	+3 −1.5	1	1

2）黏土质隔热耐火砖。黏土质隔热耐火砖的质量要求如表 4-4 所示。

表 4-4　黏土质隔热耐火砖的允许偏差及外形要求　　(mm)

<table>
<tr><th colspan="3">项　目</th><th>指　标</th></tr>
<tr><td rowspan="2">尺寸允许偏差</td><td colspan="2">尺寸不大于 100</td><td>±2</td></tr>
<tr><td colspan="2">尺寸 101～250</td><td>±3</td></tr>
<tr><td>扭　曲</td><td>长度不大于 250</td><td rowspan="6">不大于</td><td>2</td></tr>
<tr><td colspan="2">缺棱、缺角深度</td><td>7</td></tr>
<tr><td colspan="2">熔洞直径</td><td>5</td></tr>
<tr><td rowspan="3">裂纹长度</td><td>宽度不大于 0.5</td><td>不限制</td></tr>
<tr><td>宽度 0.51～1.0</td><td>30</td></tr>
<tr><td>宽度大于 1</td><td>不准有</td></tr>
</table>

3）胶结料。

① 炭胶泥的性能：

灰　分	5%以下	挥发分	45%以下
固定炭	50%以上	针入度(20℃)	450～650 mm

② 石棉水玻璃腻子：

石棉绒 100 kg，加水玻璃 20 kg 混合均匀使用

水玻璃相对密度(20℃)1.36~1.38　　　模数2.8~3.0

(4) 浇注料。浇注料有轻质耐火浇注料、低水泥耐火浇注料。

4.1.2 新系列铝电解槽的安装

新系列铝电解槽的安装包括以下内容:砌筑槽底,安装槽壳,砌筑槽壳内耐火材料及扎固炭素衬里,安装阴极炭块组,砌侧部炭块,扎固炭块底缝,安装阳极,安装阳极母线、上部金属结构,焊接母线间的接点及母线与导体间接点。

4.1.2.1 槽底砌筑及安装槽壳

无底电解槽与有底电解槽由于槽底结构不同,槽底砌筑也不同。首先,依据电解厂房平面布置图纸,找出铝电解槽槽基的中心线与轮廓线,然后挖地坑,再根据槽基中心线找出电解槽轮廓线。

砌筑无底槽槽底时,根据电解槽的中心线须预先留出地脚螺栓孔的位置,再浇注混凝土基础。在基础上铺上一层干砂,将基础找平,然后砌上4~7层红砖。红砖基础砌好后,将地脚螺孔清理干净,灌入干燥河沙,再安装金属槽壳。槽底耐火砖一般砌2~4层。

砌筑有底槽的槽底时,在浇注混凝土基础之后,再砌耐火砖垛,用以支撑母线和槽壳。然后将预先制好的槽壳吊装在耐火砖垛上,在槽底部焊有几个承重钢轨,在钢轨与砖垛之间垫有橡胶石棉板绝缘或砌上一层绝缘瓷砖,达到支撑槽壳目的。大型有底电解槽通常采用打在槽基上的混凝土预制梁来支撑槽壳,槽壳的纵向和横向中心线的位置用水平仪测定。槽壳安装完成即可砌筑槽底。

首先在电解槽槽底钢板铺一层干砂或用耐火填料找平,然后铺石棉板1~2层,槽壳四周也贴上一层石棉板。在石棉板上砌两层硅藻土保温砖,用耐火粉或硅藻土粉氧化铝粉填充之。保温砖与槽壳四周间可以不留伸缩缝。有底电解槽为了加强槽底的保温性能和防止电解质对耐火砖的侵蚀,在保温砖上铺厚30~100 mm的氧化铝粉或者是耐火粉与颗粒的混合料。铺平后再砌耐火砖,并在周围留30~60 mm伸缩缝。

4.1.2.2 铝电解槽内衬的砌筑

进槽前应做好如下准备:

(1) 先将槽内的杂物清扫干净,根据槽壳的氧化、锈蚀、裂纹、变形、烧穿、槽底水平误差和槽上口水平误差等情况,确定局部修理和校正。

(2) 保证大多数钢棒安装在钢棒孔中心位置的基础上,画出每道工序的施工基准线,两小头可画出浇灌基准线,A、B两面可根据两小头浇灌线以第一个钢棒孔上端为标准进行画线,采用两点画线法。

(3) 所用材料必须符合筑炉要求,严禁受潮、沾油。

硅酸钙板的砌筑方法如下:

(1) 铺砌时应从槽横轴线中心往两端进行,要求错缝铺砌,并用木槌轻轻打紧,接缝应小于1 mm,所有缝间用氧化铝粉填满,硅酸钙板与槽壳间隙填充耐火颗粒,粒度小于2 mm。

(2) 硅酸钙板的加工用木工锯切锯,大于总长2/3的都可使用。

(3) 根据槽底变形情况允许局部加工硅酸钙板,但加工厚度不大于10 mm。

绝热砖的砌筑方法如下：

（1）第一层绝热砖在硅酸钙板上进行砌筑，所有砌筑缝小于 0.5 mm，并用氧化铝填满，不准有空隙。

（2）在第一层的基础上用氧化铝找平，然后进行第二层砌筑，第一层与第二层绝热砖应错缝砌筑，用氧化铝粉填缝，不准有直缝，每砌完一层都要把四周膨胀缝填满、填实。

耐火砖的砌筑方法如下：

（1）在已砌好的隔热砖上铺一层厚 30 mm 左右的氧化铝粉。

（2）耐火砖砌筑采用湿砌，应按预先画好的基准线进行作业。

（3）所有砖缝灰浆饱满度必须大于 90%。

（4）第一层耐火砖应平放在氧化铝粉层上，耐火砖的顶头和侧面应湿砌，立缝不大于 2 mm，侧部缝不大于 3 mm，铺砌尺寸：90 块×113 mm（宽度）+89（缝数量）×3 mm（侧部缝宽），16.5 块×230 mm+16（缝数量）×2 mm（立缝宽）。

（5）第一层耐火砖的两头分别砌 230 mm×2 块、230 mm×1.5 块隔热砖，砌好后应及时填充耐火颗粒，并填实，粒度应小于 2 mm。

（6）第二层耐火砖与第一层耐火砖不准有直缝，层间卧缝为 2.5 mm，顶头立缝为2 mm，侧部立缝不大于 3 mm。

（7）第二层耐火砖的两头分别砌 230 mm、230 mm×1/2（块）隔热砖，为了方便安装炭块组，膨胀缝等安装好炭块组后再填充耐火颗粒。

（8）槽底砌筑完之后，将表面泥浆清理干净，按预先画好的基准线进行测量，一般可测量 9 点，如发现异常现象可任意测量，其表面平整度误差不大于 0.3%，整个槽底高度的公差在±20 mm。

浇注料的施工方法如下：浇注料包括轻质耐火浇注料、低水泥耐火浇注料，分别用于电解槽两小头浇注以及 A、B 大面的浇注。

（1）浇注高度。根据图纸要求，轻质浇注料与水的配比为 1∶(0.30～0.35)，低水泥耐火浇注料与水的配比为 1∶(0.07～0.08)。

（2）施工注意事项。根据水料比，严格控制加水量，搅拌后铲入槽内，用插入式振动器振动至表面露出浮水为止。用塑料薄膜把底块侧盖好，并采用 1 mm 厚的纸包裹钢棒浇注部分。用专用挡板挡好中间炭缝，防止浇注料进入中缝内。A、B 两面靠槽壳端采用隔热砖砌筑。

炭块组的安装方法如下：

（1）将砌筑好的耐火砖表面清扫干净，按照炭块长度画出安装线。

（2）按阳极的编号从出铝端开始安装。

（3）以 A 面为基准面进行调整，调整后缝间尺寸。

（4）炭间缝调整完毕，用水玻璃、石棉绒塞好，防止颗粒、氧化铝粉漏出。

（5）塞好棒孔后，炭块组不准移动，并用专用塑料布和其他物品将炭块盖好，防止其他杂物进入炭缝内。

（6）安装过程中，指挥人应与行车工协调配合，确保安装安全进行。

侧部炭块的砌筑方法如下：

（1）侧部耐火砖的砌筑。在浇注好的四周湿砌异型耐火砖，卧缝不大于 3 mm，立缝不大于 2 mm，表面水平误差不大于±2 mm。

（2）侧部炭块的砌筑。

1）将槽内各种材料、杂物及砌体表面清理干净。

2）将炭胶泥加热搅拌均匀，温度保持在 50～70℃。

3）以角部炭块旁第一块侧块靠紧槽壳为标准，从槽子的内膛放出砌筑标准线。

4）从四周开始砌筑，两小头用 8 块侧块砌完，不开压条；两大面从一头开始砌，另一头只砌一块侧块，然后留作压条位置。

5）A、B 面的开条必须在第二或第三块进行，开条尺寸应大于 180 mm。

6）调整炭块应使用木槌，严禁使用铁锤调整，如用铁锤必须在炭块上垫上木板，以防损伤炭块。

7）所有炭缝必须填满炭胶泥，防止氧化铝粉流出。

8）侧块与槽壳缝隙用氧化铝粉填充。

9）砌筑质量方面，要求立缝、卧缝、错台、外膛尺寸误差（宽度）小于规定要求。

干式防渗料的施工方法如下：

（1）使用工具、器具为塑料布、层板、木模板、平板振动器。

（2）具体施工方法为：根据图纸要求高度 H 分两次完成，第一层铺料厚度可略低于 H，振动压缩到 $0.8H$；第二层铺料厚度 $1.2H$，振动压缩到 H。

（3）质量方面，要求表面误差不大于 2 mm，压缩比为 1.15～1.27，达不到的地方须进行局部处理。

4.1.2.3 扎固炭素底垫

炭素底垫的作用为：第一是铺平耐火砖的表面，以便安放阴极炭块后，能使阴极棒处于棒孔窗口中央，起到找平、固定作用；第二是保护耐火砖层免受电解质的侵蚀。扎固底垫之前槽膛需加热，排除砖中的水分，并预热到一定温度，以保证底垫的黏结性能好，有利于底糊料扎固密实。耐火砖表面加热温度达到 90～120℃，时间 3～4 h，清理并吹净耐火砖表面。扎固底垫首先是放样板，尺寸应符合施工图的要求，保证阴极炭块组都能安装在炭素底垫上。然后在耐火砖上涂一层熔融沥青，再铺以温度为 130～150℃的底糊，其厚度在 50 mm 以上，压缩比不小于 8∶5，底垫厚度为 25～40 mm。扎固的主要设备是 01～30 型凿岩机或风动捣固机。扎固 1 台中型电解槽炭素底垫，消耗底糊 6 t，还有少量石棉粉、水玻璃等。要求扎平、扎实，表面没有裂纹和蜂窝等缺陷。

4.1.2.4 阴极炭块组的制作

阴极炭块组的质量必须达到技术标准要求，以使之坚固耐久。

炭块组的制作包括炭块加工、阴极棒头渗铝、钎焊以及炭块和阴极钢棒的连接等工序。首先在合格炭块加工面上画中心线，按设计尺寸铣出燕尾槽。有的为使炭块间捣固底糊时能使它们黏结牢固，在炭块的表面和燕尾槽的各个面上用风钻钻孔，相互错开。大型电解槽阴极炭块通常采用在其侧面上铣出三条沟槽的做法。阴极棒与炭块之连接一般采用磷生铁浇注。为了保证质量，阴极棒应砂洗到光滑无锈，并将燕尾槽中的灰尘吹干净，然后将阴极棒放入炭块燕尾槽内，一起在预热炉内加热至 120～150℃。炭块组的浇注分为立式和卧式两种方法。一般用冲天炉或工频电炉熔化生铁，温度要求不低于 1250℃。浇注要求分成

3~5 段(卧式)或 8~10 层(立式),可以控制浇注速度,避免底块和阴极棒受热时应力过度集中,使炭块膨胀形成裂纹。磷生铁浇注后自然冷却。磷生铁化学成分(质量分数)为:磷 0.8%~1.6%,碳 3%~4%,硅 2.5%~3.6%,锰不高于 0.9%,硫低于 0.03%。炭块及阴极棒在电解槽内的装配情况如图 4-1 所示。

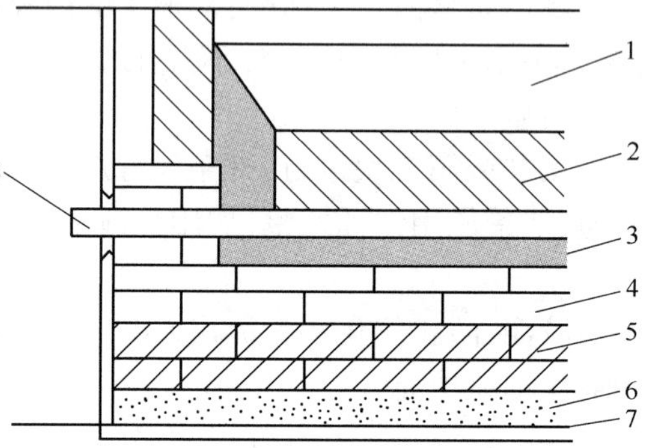

图 4-1 炭块及阴极棒在炉内的安装情况

1—槽膛;2—阴极炭块组;3—炭垫;4—耐火砖;5—保温砖;6—氧化铝粉;7—石棉板;8—阴极棒

应当指出,有些铝厂用炭素底糊捣固法代替了用磷生铁浇注阴极棒。这种方法具有便于回收阴极棒、节省钢材、降低成本的优点,至于对保护槽底防止破损如何,尚有待实践验证。

阴极炭块组制成后,要求对全部产品逐一认真检查。内容包括:阴极钢棒长度、弯曲度的检查;炭块表面或尾槽角部裂纹(不允许大于 50 mm)的检查;磷生铁或炭糊表面应平整光滑,不得高出炭块表面,低于 1~2 mm 可以使用;炭块与阴极棒接触电阻的检查,其测量电阻要求不大于 130 μΩ。工厂测量是用直流电焊机作电源,将正、负极分别接在钢棒和炭块底面,然后用毫伏表测其电压降。炭块组电阻的测量如图 4-2 所示。

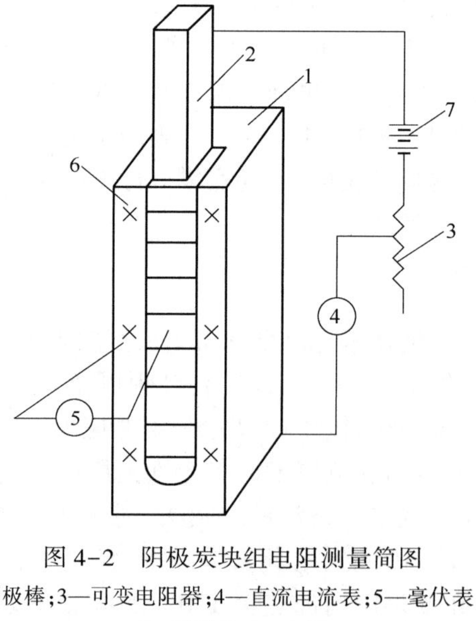

图 4-2　阴极炭块组电阻测量简图

1—炭块;2—阴极棒;3—可变电阻器;4—直流电流表;5—毫伏表;(0~10 mV);6—测量点;7—电源

4.1.2.5 扎固底缝

用底糊扎固炭块间缝隙质量的好坏,直接影响槽体寿命。这是因为炭块槽底具有条缝多、尺寸大、耐强度不均之特点。要求扎缝前先将槽底净化、再预热达到100~150℃,加热4~5 h。扎缝共分8层进行,每层铺糊80 mm,每层扎完高度50 mm,扎完最后一层后,再扎一层帽。扎固用的捣锤应加热至200℃,扎缝时要防止氧化铝或灰尘落入底缝内。底缝扎完后,将侧部炭块上部与槽沿板间的缝隙也以底糊扎固好。应当指出,通常使用底糊的温度不得低于135℃。

我国对冷糊扎固及底块黏结新工艺进行过工业试验,取得了一定成果和经验。铝槽冷扎用的底糊一般要求温度在25~50℃。这种底糊料的黏结衬是软化点低的沥青,便于施工。为了保证扎固底缝的强度,又能使黏结剂可塑性提高,在实践中采用了低软化点沥青添加少量硫黄的办法。由于冷扎取消了加热工序,节省了燃料和人工,又便于施工,经济效果非常显著。其缺点是焙烧时二氧化硫会污染操作环境,焙烧后槽底电阻率会增大。但冷扎对铝槽寿命的影响与热扎比较究竟如何,尚有待实践验证。铝槽冷扎糊料最佳配料及冷糊冷扎工艺的研究还应继续。

扎固底缝具有许多缺点,主要是底缝多面积大,破坏了槽底内衬的整体性,降低了抗压强度。所以近年来试用细缝糊料,把阴极炭块逐块地黏结起来,块与块间的缝隙为2~5 mm。关于这种糊料国外也有用树脂的。实践表明,炭块黏结的优点是:缝子细,铝槽可以多铺一对炭块,缩小槽底的薄弱环节,而且便于施工;降低了劳动强度,改善了操作环境。施工前要求将阴极炭块的黏结面进行机械加工,黏结面的缝隙控制不大于3 mm。施工时所用之细缝糊流动性要好,所有缝隙必须灌满、灌足,启动生产后,细缝糊应该对钠的侵蚀具有良好的抵抗力。

4.1.3 大修电解槽的安装

铝电解槽大修后的安装通常主要是阴极结构。因为不论是自焙槽还是预焙槽,一般都有完好的阳极,仍可继续使用。大修槽主要是内衬的拆除和重新砌筑。对于损坏的母线和槽壳也要进行修理。需要强调的是,安装必须保证阳极处于槽的中央位置,保证加工大小面对称;阳极方向不能颠倒,以保证电解电流流动方向与阳极底掌倾斜槽吻合;阳极升降自如。大修槽安装后要由生产部门进行验收,主要是检查绝缘、传动部位、各焊接点,如不符合验收标准,应按施工、安装技术要求重新进行处理。

4.2 铝电解槽的焙烧

铝电解槽的焙烧启动是电解槽进入正常生产前的关键操作。焙烧启动及启动后期管理质量的好坏,除直接影响电解槽以后的正常生产外,还影响电解槽寿命,特别是内衬的寿命。因此,在电解槽的焙烧启动及启动后期应加强科学的管理,为以后的正常生产打下良好的基础。

铝电解槽的焙烧是电解槽进入启动前的关键操作管理期。科学合理地进行铝电解槽的焙烧,可以使电解槽顺利进入正常稳定的生产阶段,避免出现早期破损,有利于延长电解槽寿命。预焙阳极电解槽在焙烧过程中主要是烧成阴极,其目的为:

(1) 对阴极炭块间的底糊进行烧结焦化,使阴极底部炭块和侧部炭块烧成一个整体。

(2) 排除内衬中的水分,避免在启动期或生产期使内衬产生膨胀,造成内衬漏洞。

（3）均匀升高内衬温度，使内衬按不同层次、一定梯度均匀升温，以均匀内衬中产生的热应力，避免形成早期破损。

4.2.1　大型预焙槽焙烧的验收

对确定投产的电解槽，在通电投产前必须按照下列项目进行全面检查：

（1）槽上部结构。从大件到小件，从连接到固定，从局部到整体，检查是否安装齐备，连接是否紧固、到位，有无缺损零部件等，同时检查各运转机构是否灵活、运转是否到位。

（2）槽控机。检查槽控机各控制板、件及附属电气设备是否安装齐全，上、下联机是否通路，控制盘上各种控制按钮是否灵便，制动项目是否有效，显示装置是否清楚无误。

（3）打壳下料系统。检查供风系统是否通畅，有无漏风之处，氧化铝输送系统有无堵塞、跑、冒现象，下料阀安装是否正确，氧化铝下料量是否准确。

（4）阴极表面。检查阴极表面是否平整，炉底有无隆起，炭块表面有无裂纹、破损，扎固缝有无明显的收缩裂纹或缝隙。

（5）焊接部分。检查侧部炭块上面的筋板是否焊牢、阴极方钢与阴极软母线有无漏焊或焊接不牢等情况。

（6）母线部分。检查阳极大母线与阳极导杆的压接面是否光滑、立柱母线与阳极软母线压接是否到位、母线回路是否畅通。

（7）绝缘。检查电解槽各绝缘设施是否完好，材料要求、安装位置有无错误，关键部位应测试绝缘电阻值是否达到要求（绝缘电阻不小于 5 MΩ），并检查槽上槽下有无钢筋、焊条等导电体在各类母线、槽壳与大地之间搭接。

（8）多功能天车。检查多功能天车运行情况。

对检查发现的问题，必须立即进行处理。处理完毕后，将槽上部结构和炉膛清理干净。

4.2.2　大型预焙槽焙烧方法

目前大型预焙槽的焙烧方法有三种：铝液焙烧法、焦粒焙烧法、燃气焙烧法。铝液焙烧法是向电解槽内灌入一定量的铝液，覆盖在阴极表面上，并且和阳极接触，电解槽通电后，构成电流回路，产生热量，对电解槽进行焙烧。由于铝液电阻小，故产生的热量较低。铝液从初始的 100～200℃缓慢升至 900℃以上，约需 192 h 的时间。焦粒焙烧法是在阴、阳极之间铺上一层煅烧过的焦炭颗粒，电解槽通电后，焦粒层作为电阻体在阴、阳极之间产生热量，对电解槽进行焙烧。由于焦粒电阻大，因而焙烧速度快，焙烧时间只需要 60～80 h。燃气焙烧法是利用燃料（一般为煤气、天然气或燃料油）燃烧系统和温度系统来焙烧电解槽。因其温度控制好、分布均匀，所以焙烧效果好，焙烧速度较快。三种焙烧方法之比较见表 4-5。

表 4-5　三种焙烧方法综合性能比较

项　目	铝液焙烧法	焦粒焙烧法	燃气焙烧法
焙烧时间/h	192	60～80	72～120
焙烧能量利用率/%	45	40	70～80
焙烧效果	差	较好	最好
操作复杂程度	最简单	较复杂	最复杂
对内衬寿命的影响	较大	较小	较小

从以上可以看出,燃气焙烧法(见图 4-3)是最好的大型预焙槽焙烧方法,但目前国内尚未能使用,主要是其成本太高,而且管理难度大。铝液焙烧法在我国大型预焙槽使用的比较多,但随着焦粒焙烧技术的成熟,焦粒焙烧法的使用也越来越广泛。下面主要介绍铝液焙烧法和焦粒焙烧法。

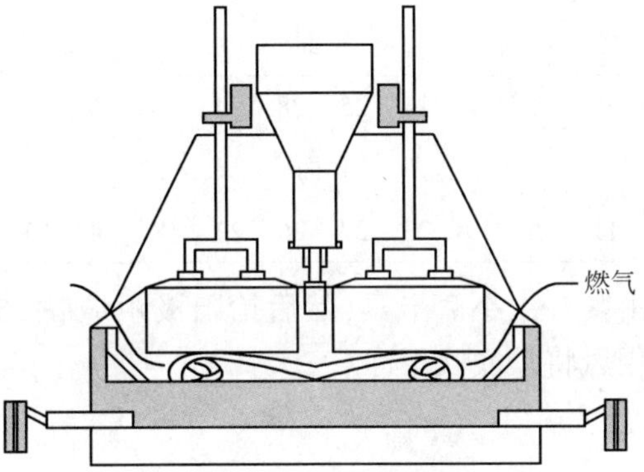

图 4-3 燃气焙烧法

4.2.3 铝液焙烧过程

4.2.3.1 工器具及物料准备

以 28 组阳极为例需要准备的工器具及物料如下:

小盒卡具	28 组/槽	阳极组	28 组/槽
短接片	8 块	扳手	4 套
热电偶(带保护管)	2 套	槽罩	
电解质块	5 t/槽	冰晶石	15~18 t/槽
大 碱	2~3 t/槽	氟化钙	1 t
纸 板	若干	木棒(2~4 m)	若干
溜 槽	1 台		

图 4-4 为铝液焙烧法示意图。

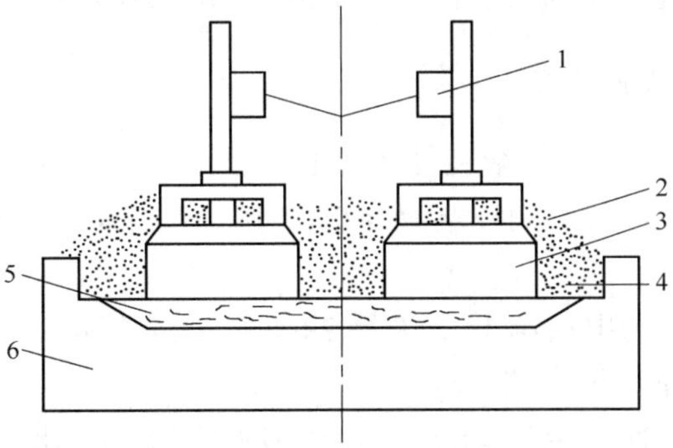

图 4-4 铝液焙烧法

1—阳极母线;2—冰晶石保温料;3—阳极;4—电解质和冰晶石粉;5—铝液;6—槽体

4.2.3.2　安装阳极

首先降阳极大母线，将回转计调到下限位置处，再沿 A、B 两侧交替安装 28 组阳极，安装顺序如下：

A 面

1	5	9	13	17	21	25	28	24	20	16	12	8	4

B 面

3	7	11	15	19	23	27	26	22	18	14	10	6	2

装完阳极后，用呆扳手紧一次小盒卡具，然后抬阳极距炉底 25 mm，并用粉笔在导杆靠阳极大母线下沿处画线，用风将炉底吹干净。

4.2.3.3　装槽

首先沿阳极四周装好纸板（纸板高度比阳极炭块略高），再沿电解槽侧部扎糊带（人造伸腿）均匀撒上约 0.6 t 氟化钙，然后在侧部四周靠纸板由大到小堆砌 2.5 t 电解质块，并用 500 kg 冰晶石填充缝隙，接着继续往上边堆砌电解质块边加冰晶石，直到与槽沿板相齐，最后在电解质块上面码 7.5 t（袋装）冰晶石和 1.5 t（袋装）大碱，并在阳极炭块间隙用木棒挡隔。

4.2.3.4　通电焙烧

通电前 30 min 准备好 3 t 左右的铝液，接着与整流所联系停电，确认停电后，一边将铝液沿溜槽灌入电解槽内，一边进行绝缘片插入作业（松开立柱母线短路口处的螺栓，将绝缘片插入立柱母线与短路母线之间，再紧固螺栓），待铝液流满槽底并包裹住阳极至少 1 cm 后，即与整流所联系送电。

送电过程中，将码在电解质块上面的冰晶石和大碱投入阳极中缝和阳极炭块上面，并将热电偶（装入保护管内）插入中缝两端。

通电焙烧时，要控制好送电速度。首先联系直接送 60kA 电流。若无异常，继续送电，送电过程中观察电压情况。如果电压不超过 6 V，可直接送至全电流；如果升电流过程中冲击电压大于 6 V，则要停止升电流，使冲击电压始终保持在 6.5 V 以下。

4.2.3.5　焙烧期间的常规管理与操作

对于中间下料预焙槽，（铝液）焙烧是从通电时起，约 192 h 焙烧结束。焙烧期间管理的关键是温度，要求炉底温度均匀，阳极电流分布合理，为确保电解质的焙烧达到正常要求，必须做好以下方面的管理：

（1）电流分布测定。通电后第 1～2 天每 2 h 测一次阳极电流分布，第 3～8 天每 4 h 测一次阳极电流分布，发现问题及时报告。

（2）铝液温度管理。通电后每 4 h 测一次铝液温度，发现问题及时处理。

（3）槽壳温度测定。通电后每天早班在出铝端和烟道端测定一次槽壳表面温度。

（4）回转计读数管理。通电 96 h 后在出铝端和烟道端各打一个洞观察铝液熔化情况。

若铝已熔化,则以 1 mm/h 的速度开始抬阳极。若铝没有熔化,则不能抬阳极,应加强保温,待铝熔化后再抬。

(5) 电压管理。通电后 6 h 内每 30 min 记录一次槽电压,6 h 后每 2 h 记录一次。

(6) 巡视检查。通电后操作工每 2 h 巡视槽况一次。若发现钢爪发红,要扒开保温料散热,严重时用风管吹;若阳极脱落,要取出铝导杆,脱落极则在启动前取出,换上新极。

(7) 焙烧期间应适当补加冰晶石,以减少散热,防止阳极氧化。

4.2.4 焦粒焙烧过程

4.2.4.1 工器具及物料准备

以 28 组阳极为例,需要准备的工器具及物料如下:

小盒卡具	28 组/槽	阳极组	28 组/槽
短接片	8 块	扳　手	4 套
槽　罩		电流分流器	4 组/槽
冰晶石	18~20 t/槽	大　碱	2~3 t/槽
氟化钙	1 t	焦粒(2~3 mm)	1.2 t/槽
临时导电软带及卡箍、螺栓、螺母	28 组/槽	木棒(2~4 m)	若　干
纸　板	若　干	铁　框	

图 4-5 为焦粒焙烧法示意图。

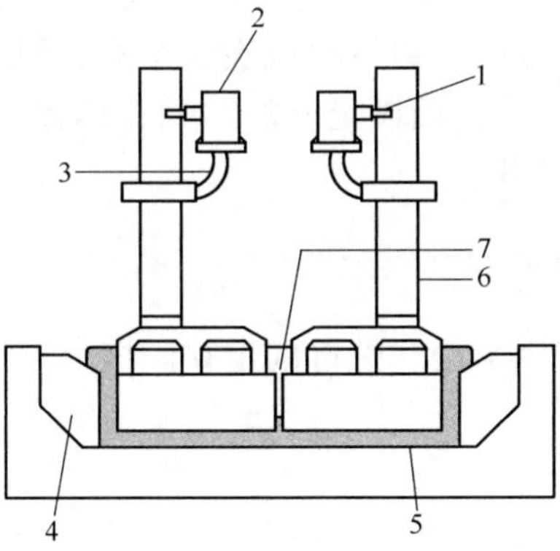

图 4-5　焦粒焙烧法

1—螺旋卡具;2—阳极大母线;3—软连接;4—冰晶石;5—焦粒; 6—铝导杆;7—中缝

4.2.4.2 铺焦粒

把铁框放在槽底阴极炭块上面,在铁框内均匀铺上 25 mm 厚的焦粒(必须经过筛选,达到粒度 2~3 mm 方可)层,铺好后取出铁框。

4.2.4.3　安装阳极

将28组阳极按位置放到槽内，同时将小盒卡具放在挂钩上（不得将小盒卡具拧紧），然后在阳极炭块间隙用木棒挡隔，使间隙内少进入冰晶石。

4.2.4.4　安装阳极导杆临时导电软带

将临时导电软带的一端利用卡箍固定在阳极大母线（横梁母线）上，另一端利用螺栓和螺母固定在阳极导杆上。预焙槽焦粒焙烧采用并联分路电理装置如图4-6所示。

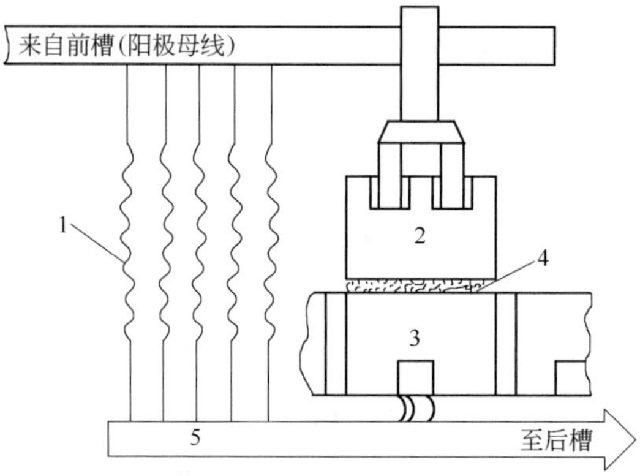

图4-6　预焙槽焦粒焙烧采用并联分路电理装置

1—临时并联电阻；2—阳极；3—阴极；4—焦炭层；5—阴极母线

4.2.4.5　装槽

先沿电解槽侧部扎糊带（人造伸腿）均匀撒上约0.6 t氟化钙，再沿侧部四周装入冰晶石和大碱的混合料（比例为10∶3），直到与阳极炭块平齐，然后在阳极炭块中缝装满冰晶石防止阴阳极炭块氧化，在阳极炭块上面撒足够的冰晶石作保温料（注：在装槽过程中要用纸板将冰晶石与焦粒、阳极炭块隔开）。

4.2.4.6　安装电流分流器

将电流分流器的两端分别用螺栓和螺母固定在阳极大母线和下一台槽的立柱母线上。

4.2.4.7　通电焙烧

首先与整流所联系停电，确认停电后，进行绝缘片插入作业（松开立柱母线短路口处的螺栓，将绝缘片插入立柱母线与短路母线之间，再紧固螺栓），然后与整流所联系通电。

通电焙烧时，要控制好送电速度。首先联系直接送60 kA电流。若无异常，继续送电，送电过程中观察电压情况。如果电压不超过5 V，可直接送至全电流；如果升电流过程中冲击电压大于5 V，则要停止升电流，使冲击电压始终保持在5.5 V以下。

4.2.4.8　焙烧期间的常规管理与操作

对于中间下料预焙槽，（焦粒）焙烧是从通电时起，约72 h焙烧结束。焙烧期间管理的关键是温度,要求炉底温度均匀,阳极电流分布合理,为确保电解质的焙烧达到正常要求,必须做好以下方面的管理：

（1）电流分布测定。通电后每2 h测一次阳极电流分布,发现问题及时报告。

（2）巡视检查。通电后操作工每30 min巡视槽况一次,检查阳极工作情况和槽电压变化情况。若发现钢爪发红,要扒开保温料或在值班长指导下适当放松阳极导杆与临时导电软带连接处的螺母。若阳极脱落,要取出铝导杆,脱落极则在启动前取出,换上新极。

（3）通电后,槽电压会缓慢下降,当电压降到3.3 V以下时,拆除电流分流器。

（4）当电解槽内已经产生电解质液时,应立即拧紧小盒卡具,拆除临时导电软带,并开始抬阳极。当槽电压低于3 V时,每30 min抬一次;当槽电压在3~3.5 V以内时,每60 min抬一次,每次抬1 mm。当槽电压高于3.5 V时,暂不抬阳极。进入焙烧后期,在钢爪不发红的情况下,当槽电压低于4 V时,每30 min抬一次;当槽电压在4~4.5 V以内时,每60 min抬一次,每次抬1 mm。当槽电压高于4.5 V时,暂不抬阳极。

电解槽的焙烧和启动是一件非常重要而又复杂的工作,这项工作完成的质量关系到电解槽能否走向正常生产以及电解槽的工作年限。电解槽的焙烧一般分为新建槽焙烧和大修后槽焙烧两种情况。

4.2.5　大修后电解槽的焙烧

电解槽大修后旧阳极仍然可以使用,焙烧的目的主要是焙烧新修复的内衬,提高槽膛温度,使之达到900℃,故焙烧时间可以缩短,通常采用铝液焙烧法,需时2~3 d。通电焙烧前要求将阳极底掌上沾有电阻很大的电解质薄层除掉,目的是避免焙烧时冲击电压过高,以及引起电流分布不均。要求阳极底距离槽底3~4 cm,然后在阳极周围装入原料,其要求与启动新槽相同。装完原料向槽内灌入铝液,使铝液均匀良好。然后通以全电流焙烧两昼夜。焙烧初期电压保持在2~2.5 V。在启动电压提升到3~4 V、焙烧结束后,可将阳极抬起进行启动。

燃料(或火焰)焙烧法是一种新方法。这种方法容易控制加热速度,并使阴极表面均匀加热,应用在大修后槽子的焙烧实践表明,寿命仅1年的槽子减少,寿命3年以上的槽数大大增加。工业铝电解槽燃料焙烧法焙烧装置如图4-3所示。实践表明,这种方法操作比较复杂,需要安装燃烧器,火焰燃烧时阳极、阴极表面受到氧化,尤其在高温900℃以上时,氧化较严重。这些尚待改进和完善。

4.3　铝电解槽的启动及启动后期的管理

电解槽启动及启动后期是电解槽进入正常生产的关键阶段,这段时间管理的好坏,直接影响电解槽的生产状况和使用寿命。

4.3.1　铝电解槽启动方法

铝电解槽的启动分干法效应启动、湿法效应启动和湿法无效应启动三种。

4.3.1.1　干法效应启动

电解槽的干法效应启动过程是:缓慢提升阳极,使电解槽发生阳极效应,最初电压保持

10～15 V，持续 5～10 min，熔化一部分电解质后，再提升阳极，使槽电压达到 20～30 V，并保持稳定。这时可以发现阳极四周有耀眼的火花，并发出噼啪声。此时要利用铁钩等工具，扒一扒槽内物料特别是电解槽内四个角部的物料，以促使其熔化。这种纯粹利用电解槽阳极效应发热来熔化电解槽内物料以启动电解槽的方法称为干法效应启动。槽内物料基本熔化完了后，再向槽内加入冰晶石，增加电解质。当测量槽内电解质水平已达 20～25 cm、四角均熔化时，向电解槽内投入氧化铝约 500～1000 kg，下降阳极使人工效应熄灭。熄灭阳极效应后，保持槽电压 7.0～8.0 V。从人工效应发生到人工效应熄灭约需 20～40 min。最后在电解槽两端测量电解质水平，一般为 30～35 cm。

4.3.1.2　湿法效应启动

电解槽的湿法效应启动过程是：手动操作槽控机上"阳极升"按钮，提升阳极，使电解槽发生阳极效应。随着阳极的提升，分两次缓慢向槽内注入液体电解质 6 t 左右，第一次注入电解质 3 t 时，保持槽电压 8～10 V；第二次注入电解质 3 t 时，保持人工效应电压 20～30 V。总的来说，湿法效应启动效应电压保持 20～30 V，时间 20～30 min。

随电解槽阳极效应的发生熔化槽内物料，这种利用注入部分液体电解质而其余依靠人工效应发热来熔化槽内物料使电解槽启动的方法称为湿法效应启动。向槽内投入冰晶石时要均匀加入。如发现局部冰晶石未熔化，可用铁钩子扒动，促使其熔化。待测量电解槽两端的电解质水平达到 20～25 cm 时，便可向槽内加入氧化铝、下降阳极熄灭人工效应。阳极效应熄灭后，槽电压一般保持在 7.0～8.0 V。待槽电压稳定后，在电解槽两端测量电解质水平和铝液水平。

4.3.1.3　湿法无效应启动

电解槽的湿法无效应启动过程是：电解槽达到启动条件后，分两次向槽内注入约 6 t 液体电解质，每次 3 t。随电解质的缓慢注入，逐步提升阳极，但要加以控制，使电解槽不发生阳极效应。一般来说，槽电压保持在 8.0～10.0 V，时间以 1 h 为宜。

在保持无效应时间内，除熔化槽内物料外，还要向槽内加入冰晶石以增加电解质量。并可用铁钩子扒动，使其全部熔化。待测量槽内电解质水平达到 20～25 cm 时，下降阳极，向槽内加入氧化铝，将槽电压下降到 7.0～8.0 V。这种向槽内注入大部分电解质而使电解槽不发生阳极效应、利用较高电压产生的热量熔化槽内物料以使电解槽启动的方法称为湿法无效应启动。

4.3.1.4　各种启动方法的对比

效应启动的优点是启动时间短，能在短时间内提高槽温，熔化装炉的物料，加热电解槽内衬。效应启动的缺点是效应电压高，且易波动，当系列剩余电压不够时，往往会降低系列电流强度，影响已开槽的行程和生产，工人劳动强度大，劳动条件差。此外，效应启动时短时间内在电解槽内衬中积聚大量的热，易使内衬中产生过大的温度梯度，高温下内衬易吸收大量的 NaF，破坏炭素晶格。无效应启动的优点是系列电压波动小，用电省，很少降低系列电流强度，工人劳动强度小，劳动条件好。无效应启动的缺点是启动时间长，槽温上升慢，需要较长的时间精心管理电解槽。

干法启动的优点是直接在电解槽内利用阳极效应来启动槽子,启动时间短,速度快。其缺点是热量易在内衬中大量积聚,内衬中温度分布不均,有局部过热现象,对槽寿命有较大影响。而且对于干法启动必须发生阳极效应,电压波动剧烈,对供电设备影响较大。且操作环境恶劣,工人劳动强度大。湿法启动的优点是电解槽内衬升温均匀,启动速度比较适中,对电解槽内衬有较好的影响。工人劳动强度不大,环境不是十分恶劣。其缺点是需要其他电解槽制造电解质。

综合上述因素,电解槽的启动以湿法效应启动或湿法无效应启动为宜,一般不采用干法效应启动。

4.3.2 湿法效应启动实例

原则上电解槽在通电焙烧 192 h(铝液焙烧)或 72 h(焦粒焙烧)后即可启动,此时槽内已有电解质液,温度达到 900~950℃,若温度未达到,可适当推迟启动时间。

4.3.2.1 启动的简单过程

启动的简单过程如下:

(1) 灌 6 t 液体电解质。分两包从设置在出铝端的溜槽灌入。

(2) 人工效应。电解质灌入的同时开始提升阳极,提升速度应注意配合电解质灌入速度。灌第 1 包时,电压保持 10 V 左右;灌第 2 包时,电压保持 25~30 V,时间 25~30 min。

(3) 启动过程中将未熔化的冰晶石推入液体电解质中。若电解质水平偏低,可补加冰晶石,并适当延长效应时间。

(4) 效应熄灭及特殊情况的处理。效应时间达规定要求,估计槽温达 960~980℃时,即可加入适量氧化铝熄灭效应,效应熄灭后,槽电压保持 7~8 V,并在出铝端测定电解质高度。在启动过程中,若发生脱极,则在效应熄灭后 1 h 内换上新极。

(5) 焦粒焙烧的电解槽,效应熄灭后,将槽内炭渣打捞干净。

4.3.2.2 启动初、后期的管理

电解槽启动初期的管理是指从启动时人工效应熄灭后至第一次出铝日(第 3 天)的管理;启动后期的管理是指对电解槽启动后 3 个月内的管理。电解槽启动初期和启动后期的管理内容主要有电解质水平和铝水平的管理、槽电压的管理、电解质物质的量比的管理、加工制度的管理、炉膛的建立和管理等。电解槽启动后期管理的核心目标是快速建立规整稳固的槽膛内型,使电解槽尽快进入正常稳定的生产阶段。

(1) 电解质水平和铝水平的管理。电解槽启动 24 h 后灌入 10 t 铝液,灌铝液前电解质水平的目标值为 30~35 cm,灌完铝后测一次两水平高度,至第一次出铝前,每班下班前测一次。到第一次出铝时,电解质水平应在 28~30 cm,不得低于 25 cm。两周内电解质水平目标值 25~27 cm,若下降太快,必须加强保温,同时加冰晶石补充。到启动后第 3 个月,电解质水平逐渐降至 21~23 cm。启动初期铝水平的目标值为 18~19 cm,到启动后第 3 个月,铝水平逐渐提至 20~22 cm。从第一次出铝开始,出铝量按表 4-6 确定。

表 4-6　铝水平与出铝量对照表

铝水平	出铝量
18 cm 以下	1200 kg
19 cm	1300 kg
20 cm	1400 kg
21 cm	1500 kg
连续 21 cm 以上	由工段长决定多出铝

（2）槽电压和效应系数的管理。电解槽启动后 30 h 内槽电压的控制由人工进行，24 h 内每 30 min 调整一次电压，每次下降 0.05 V。电解槽启动 24 h 灌铝后，槽电压达 4.6 V。灌铝后槽电压每小时降低 0.05 V，6 h 后槽电压达 4.3 V，此时接通 RC 控制。

电解槽启动 30 h 后至 3 个月内槽电压的控制由计算机进行，其设定电压的确定原则上按图 4-7 执行。

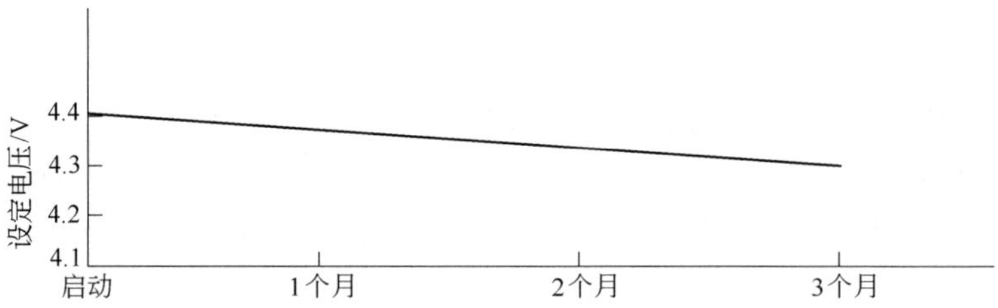

图 4-7　电解槽启动 30 h 后至 3 个月内槽电压控制

为使新启动电解槽前期保持足够的温度，形成规整稳定的炉膛，新启动槽第 1 个月 AEW 间隔设定为：上旬 13 h；中旬 20 h；下旬 24 h，到启动后第 3 个月，逐渐延长至 48 h。AEW 时间设定为 4 h。

（3）电解质物质的量比的管理。电解槽启动初期和启动后期电解质物质的量比和电解质中 CaF_2 含量按表 4-7 进行调整和控制。

表 4-7　启动初期和启动后期电解质物质的量比和电解质中 CaF_2 含量调整及控制表

启动初后期	物质的量比	CaF_2 的质量分数/%
启动时	>3.0	5
启动后第 3 天	2.9	5
启动后第 10～30 天	2.8	5
启动后第 40～50 天	2.7～2.6	5
启动后第 50～60 天	2.5	7
启动第 60 天以后	按正常控制	

（4）加工制度的管理。电解槽启动时人工效应熄灭 1 h 后接通 NB，NB 间隔设定为 3 min。灌完铝后，电压缓慢下降，待电解质表面结壳后，用破碎好的电解质块或面壳块收边、整形，并逐渐加厚极上保温料。至启动后第 3 个月，NB 间隔逐渐降至 2 min。

4.3.3 铝电解槽炉膛的建立

电解槽进入正常生产阶段的重要标志，一是各项技术条件达到正常生产的范围，二是沿电解槽四周建立起了规整稳定的炉膛内型。这是一层由液体电解质析出的高物质的量比冰晶石和刚玉（α-Al_2O_3）所组成的固体结壳，均匀分布在电解槽内侧壁上，形成一个椭圆环形。现代铝电解生产十分重视槽膛内型的建设，要求槽膛内型规整而稳定，边部伸腿均匀分布在阳极正投影的边缘，铝液被挤在槽中央部位，电流全部垂直而均匀地通过炉底，使电解槽热场均匀，以获得稳定运行和良好的经济指标。铝电解槽炉膛内型如图 4-8 所示。

（1）规整稳定的炉膛内型可大幅度地提高电流效率。电流效率一般可提高 3%~5%，这是由于形成规整炉膛后避免了侧部漏电，从而可提高阴极电流密度，使阴极电流密度基本上等于阳极电流密度，减少了水平电流，从而可较大幅度地提高电流效率。

（2）规整稳定的炉膛内型可大幅度地提高原铝质量。形成规整炉膛后侧部内衬便被保护起来，电解质不会熔化内衬中的铁，因而原铝中的铁含量不会上升。在阴极电流密度与阳极电流密度基本相等的条件下，铁的析出电位很小，因此铁不会在阴极上析出。

（3）规整稳定的炉膛内型可大幅度地延长电解槽寿命。形成规整炉膛后，除非槽阴极炭块中部破损，一般不会从侧部破损漏槽，因为侧部有一层坚固的电解质结壳。

（4）由于延长了电解槽寿命，因此可以节约一大笔电解槽大修费用，降低成本。

（5）由于提高了电流效率，可较大幅度地降低吨铝直流电耗。

（6）建立和保持规整的炉膛，可以有效地调节电解质温度。当电解槽发生阳极效应时，阳极效应产生的热量可以熔化一部分电解质炉帮，使电解质温度不致上升过多。当电解质温度降低时，液体电解质会在固体电解质炉帮上结晶析出，放出大量的热，缓解了电解质温度的降低。

（7）在保持同一铝液水平的条件下，有炉膛的槽子可减少槽内在产铝量，缩小阴极表面积（又称铝液镜面），增大阴极电流密度，对提高电流效率有利。

（8）建立并保持规整炉膛的电解槽，其经济技术指标往往比较优良。这是因为在有规整炉膛的情况下，电解槽的生产技术条件都比较稳定，没有大的波动，所以一切生产过程都是在较理想的状态下进行的，这样，铝的二次反应就会处在较低水平，电流效率相对较高。

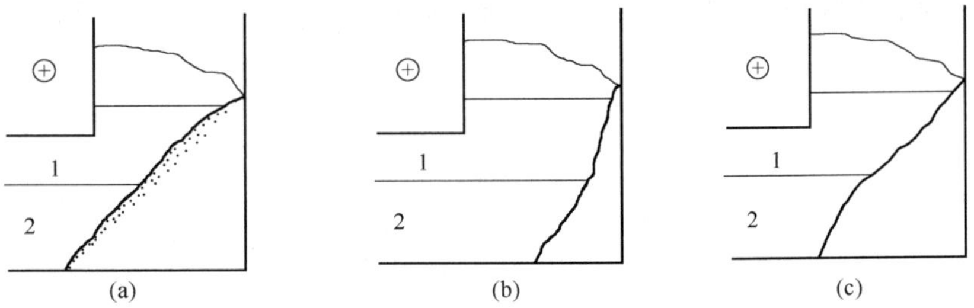

图 4-8 铝电解槽炉膛内型

（a）冷槽；（b）热槽；（c）正常

1—电解质；2—铝液

未建立炉膛和炉膛不规整的有如下缺点：

（1）在电解槽未建立规整炉膛时，由于高温且强腐蚀性电解质和高温铝液直接与侧部炭块、底部炭块和底部边糊缝接触，在得不到保护的情况下，电解质和铝液深入缝隙之中，形成冲蚀坑，造成对内衬的破坏。有的深入到阴极钢棒，熔化部分阴极钢棒和耐火砖，使原铝中含铁量和含硅量有不同程度的上升，有时甚至破损漏槽。

（2）电解槽炉膛不规整时，电解槽中的液体电解质和铝液的循环流动受炉膛的畸形干扰，其运动变得紊乱。这一方面使铝液中的水平电流增大，铝液面波动更大，使电流效率降低，工作电压提高；另一方面使铝和电解质接触面变得模糊不清，铝的溶解和二次反应增多，降低电流效率。

（3）电解槽炉膛不规整时，增加了操作的困难。如伸腿过大时，有可能造成压槽，导致生产更趋紊乱。

由以上分析可知，建立规整稳定的炉膛对铝电解槽是非常重要的。186 kA 大型预焙槽的炉膛主要是依靠控制槽温和边部自然散热而使电解质自身结晶形成，其形成过程时间较长，而且对各项技术条件要求严格。为了使建立起的炉膛热稳定性好，首先，启动的第 1 个月必须采用高物质的量比的电解质成分，随着炉膛的逐渐完善，物质的量比也逐渐降低；其次，必须控制电解温度的下降速度，一般在启动后的前 3 天，要求槽温下降快些，使其尽快形成一层较薄的电解质炉帮，之后槽温下降适当放慢。电解温度主要是通过电压来控制，因此，电压管理曲线也应与炉膛形成过程相适应。此外，为了避免出现畸形炉膛，在炉膛形成关键的第 1 个月采用增加效应系数的方法，规范炉膛的形成。这样，经过良好的焙烧启动过程和启动初后期科学的管理，建立起规整稳定的炉膛，就可以顺利进入正常的生产阶段了。

复习思考题

4-1　新系列铝电解槽的安装主要包括哪些工序？

4-2　新系列电解槽焙烧的目的和原理是什么？

4-3　铝电解槽有哪几种焙烧方法？请说明各种方法的特点及应用。

4-4　大型预焙电解槽是如何进行焙烧、检查及调整的？

4-5　电解槽启动方法有哪几种？请比较各种方法的优缺点。

4-6　铝电解槽启动后期的技术控制是怎样的？

4-7　规整炉膛对电解槽的意义有哪些，如何建立规整的炉膛？

5 铝电解生产正常操作

铝电解槽经过焙烧、启动和后期管理阶段之后，即转入正常生产阶段。焙烧和启动及其后期管理阶段仅约几天或十几天，其余绝大部分时间属于正常生产阶段，长达3~5年。一名新进厂的电解工，通过厂、车间、工段三级安全教育后，严格执行岗位安全操作规程，才可进行实际操作。

5.1 电解岗位安全操作规程

电解岗位安全操作规程要求如下：

（1）工作时劳保必须穿戴整齐，严格按照作业文件操作，禁止喝酒上岗。操作前检查工具是否干燥，潮湿工具需预热后才可使用，禁止向槽内添加潮料。

（2）禁止站在面壳和极块上操作，禁止收边前堵中缝，打开出铝口时，操作者应站在侧面，以防止电解质液溅出烫伤。

（3）禁止用金属物（含人体）联通槽（含立柱母线）与风格板、槽与槽、槽与烟道端铁制品。发现有短路打火花现象时，应立即用干木棒（铲把）将短接物件移开。使用铁具时，注意磁场，以防意外。

（4）换极时，严禁将阳极超标准下降后再上提，以防止短路、放炮、伤损阳极大母线。

（5）若换极时发生效应，应停止作业，待效应熄灭后再行作业，效应期间禁止将金属工具伸入槽内作业。

（6）禁止汽油、酒精等易燃易爆物品进入厂房靠近电解槽。厂房中若不慎着火，应用灭火器扑灭，不得用水浇灭。

（7）禁止乱动各种阀门、开关，禁止打开槽控机放置物品。

（8）禁止在天车吊运物下站立、行走，操作时若天车吊物经过，应主动让开。

5.2 正常操作

电解工上岗操作前需要了解电解生产的管理体系，并需要迅速掌握铝电解生产的正常操作技术。铝电解实行连续生产，生产管理实行纵向管理与横向管理相结合原则。纵向管理由电解大组负责，设大组长1~2名，负责本大组内电解槽的生产，做到平稳、高产，以获得最佳经济技术指标为本大组的奋斗目标。横向管理是由电解班负责，设班长1~2名，实行6 h工作制，进行四班倒作业。电解班要完成当班的各项生产、工作任务，并做好两个文明建设。电解工要受所在电解班的班长领导，又受到所在大组的大组长的领导，大组长的生产意图通过各电解班的小组长贯彻执行。电解工在小组长带领下负责电解槽的正常操作、技术条件的调整、病槽处理等工作。其中正常操作包括：定时加料（NB）、槽电压调整（RC）、阳极更换（AC）、效应熄灭（AEB）、出铝（TAP）、抬升母线（RR）、边部加料作业（IRRF）、捞炭渣等。

NB、AC、TAP 和 RR 作业是维持过程连续进行所必需的，但在作业后一段时间内，对热平衡、电流分布、磁场平衡方面将产生一定程度的影响。因此在生产管理中要讲究操作质量，把操作对过程的干扰减到最低程度。

NB、RC 和 TAP 的下降阳极动作由计算机、槽上的打壳下料装置和阳极升降装置自动完成，不需人工操作。

5.2.1　定时加料

目前预焙阳极电解槽的加料都是由计算机控制完成的半连续加料，是通过安装在电解槽纵向中央部位的自动打击锤头完成的，操作人员不参与。这种加料方式通常能够使电解质中的氧化铝浓度保持在 3%左右。

正常加料时，根据事先设定好的加料时间和加料量程序，槽控机控制加料设备定时定量地往槽内加入氧化铝。由于是自动操作，可以在一个加料周期内分成数次加料，一般根据打壳锤头数目定，有几个锤头就下几次料，全部打完一遍为一个下料周期，然后重新开始新一轮下料周期。例如有四个打击锤头，则下四次料，每次下料的间隔为 5 min，一个周期约为 20 min。但是每次下料量不多，只有一个加料周期内下料量的四分之一，从而做到了减少电解质中氧化铝浓度波动的要求，避免了由于下料过多或下料过少所导致的对电解生产不利的现象。另外，加料是在密闭的槽罩内进行的，避免了加料粉尘和挥发性气体直接排放到车间空间的现象，改善了操作环境。

如果采用先进的流态化氧化铝输送系统，则在加料后计算机会自动检测槽上料仓的氧化铝面，如果低于所要控制的料面高度，就开始自动充料操作，直接将氧化铝送至槽上的氧化铝料箱。

5.2.2　阳极更换

5.2.2.1　阳极更换的原则

预焙电解槽所用阳极块是在阳极工厂按规定尺寸成型、焙烧、阳极导杆组装后，送到电解车间使用的。每块阳极使用一定天数后就需换出残极，重新装上新极，此过程称为阳极更换。

阳极更换周期是由阳极高度与阳极消耗速度所决定的。阳极消耗速度与阳极电流密度、电流效率与阳极假密度有关。

阳极消耗速度可由下述经验公式计算：

$$h_c = \frac{8.054 J_c \eta W_c}{d_c} \times 10^{-3}$$

式中　h_c——阳极消耗速度，cm/d；

J_c——阳极电流密度，A/cm^2；

η——电流效率，%；

W_c——阳极净消耗量，kg/t；

d_c——阳极假密度，g/cm^3。

以某铝业公司 200 kA 中间下料大型预焙铝电解槽的情况为例，$J_c = 0.73$ A/cm^2，$\eta =$

91%，W_c=425 kg/t，$d_c \geq 1.55$ g/cm³，计算其阳极消耗速度。

$$h_c=\frac{8.054\times0.73\times91\%\times425}{1.55}\times10^{-3}=1.467(\mathrm{cm/d})$$

设阳极高度 570 mm，由于在炭块与钢爪处加有两个高为 60 mm 左右的半轴瓦型炭环，可以使残极高度降为 140 mm 左右，计算每块阳极使用的周期为：

$$(570-140)\div14.67=29.31\approx29(\mathrm{d})$$

如果在生产中一味地利用阳极的可用有效高度，会使电解质侵蚀阳极钢爪而影响原铝的质量。有些工厂采用高度为 60～70 mm、能保护磷生铁体的一套半轴瓦型换装炭素体来保护阳极钢爪。这样可以延长阳极的使用周期，减少阳极的更换频度和设备的运行频次，减轻工人的劳动强度，相应地减少阳极炭块的消耗量，降低阳极组装的压力和组装费用。同时由于换极周期的延长，也相对减轻了换极操作对电解生产的影响。

若阳极电流密度增大，电流效率提高，阳极消耗量大，阳极更换周期也将缩短。

5.2.2.2 阳极更换的顺序

有了阳极使用周期和电解槽阳极安装组数，就可以确定阳极更换顺序。确定的原则为：

(1) 相邻阳极组要错开更换；

(2) 电解槽两面炭块应均匀分布，使阳极导电均匀，两根大母线承担的阳极重量均匀；

(3) 若按电解槽纵向划成几个相等的小区，每个小区承担的电流和阳极重量也应大致相等。

为此，阳极更换必须交叉进行。

电解槽换极顺序见图 5-1。

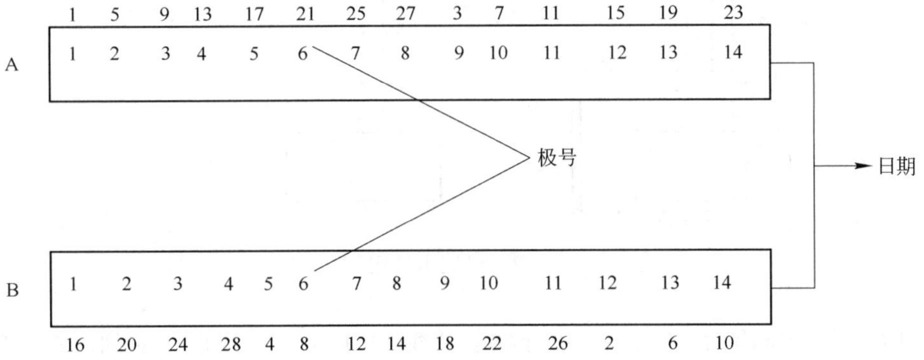

图 5-1 电解槽换极顺序

从图中可见，除两侧 7 号、8 号阳极相隔 2 天更换外，其余均相隔 4 天，而且注意到了两面、两端交替更换，这种更换顺序能较好地满足上述要求。

每个月在月底由主任工程师负责，打印出下个月各个工段的换极表。

5.2.2.3 阳极更换操作

阳极更换用多功能天车与电解操作工配合进行。换极过程中，与计算机联系，捞面壳块、设置新极安装精度、收边为重点工序，应作为全过程的质量控制点。

与计算机联系后，计算机就进入换极程序，在换极过程中，不进行 RC 控制，由于开通氧化铝浓度控制，在过程中进行正常的 NB 处理，30 min 后，计算机判断阳极更换完毕，计算机恢复正常控制。

提出残极时会掉入部分大面壳块于槽内，如果这些大面壳块捞不干净，容易造成阳极长包，容易在新极底下生成炉底沉淀，影响电解槽正常运行。因此，残极提出后必须把掉入槽内的面壳块捞干净。

新极安装精度关系到阳极电流均匀分布。为了确保新极安装精度，现场采用两种方法。

第一种方法是在多功能天车装有阳极定位装置的情况下，由天车工按步骤操作，准确地定出残极在槽上的空间高度，并将此高度转换到新极上，定出新极的安装位置。

第二种方法是在多功能天车无阳极定位装置的情况下，采用自制卡尺定位。该方法的实质是用卡尺将残极的空间安装高度传给新极。定位过程见图 5-2。

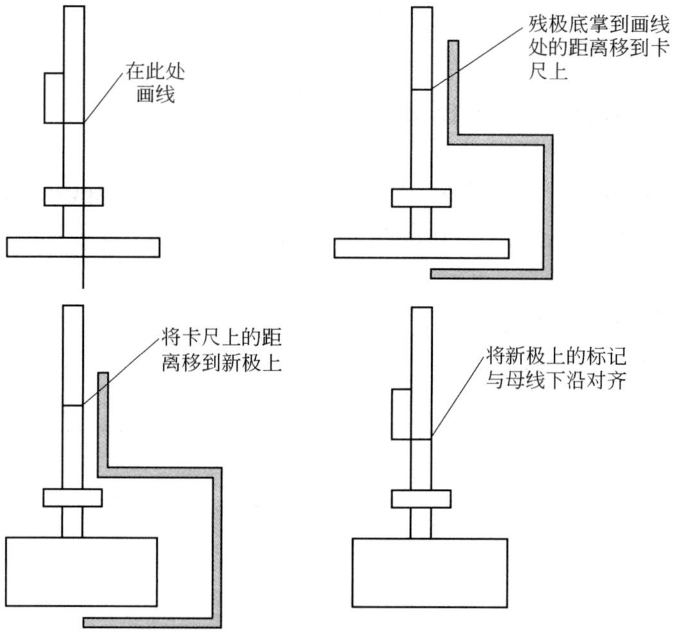

图 5-2　自制卡尺定位

以阳极大母线下沿为基准，在残极导杆上画线；用卡尺量出残极底面到画线处的高度；在新极导杆上的同样高度画线；以此线位置与阳极大母线下沿平齐。

卡尺法简单易行，精确度高，对环境条件无要求，易于普及。即使在有阳极定位装置的情况下，也可作为定位装置故障时备用。

新极上槽后，冷阳极表面迅速形成一层冷凝电解质，1～2 h 后开始熔化，阳极开始导电。随着炭块温度的升高，通过的电流逐渐增大，实践表明新极上槽 24 h 左右导满全电流。考虑到新极导电的滞后性，新极安装不能与残极底面一样平齐，应比残极提高一天的消耗量，即 1. 5 cm，保证正常导电时与残极底面相同。

为了确保新极安装精度，新极上槽后 16 h，需进行导电量检查，即测等距离新极导杆上的电压降（现场称为 16 h 测定）。若电压降不在 3～5 mV 之内，视为新极安装不合格，需要进行调整。

为了保证电解槽边部散热和边部炉帮的形成,把收边质量作为质量控制点之一。规定边部散热带要有一定的尺寸,收边高度达新极倒角即可。

每天换阳极打开一次炉面,是检查槽内情况的好机会,应借此机会检查铝水、电解质高度(即一点测定)、炉底沉淀、邻极工作状态、槽内炭渣量等。如有异常,根据具体情况采取措施处理。

新极安装好后覆盖一定厚度的氧化铝,一般为15~18 cm,一是防止阳极氧化,二是加强电解槽上部保温,三是迅速提高钢-炭接触处温度,减少接触电压降。

5.2.2.4 阳极更换作业规程

阳极更换作业规程如下:

(1) 确认当班要换阳极的槽号、极号,准备好工器具。

(2) 用小板车准备好收边用碎块,推至槽边,注意不得泼洒。

(3) 操作槽控机AC手柄,与计算机取得联系。

(4) 打开换极处三块槽罩,左右靠边放好。

(5) 扒净极面上的保温料,指挥天车工进行开口提极。

(6) 提出极的过程中,用钩、耙把松动的结壳块钩到大面上。

(7) 捞净掉入槽内的大面壳块,进行槽况检查,并设置换极精度。

(8) 操作风动毛刷清刷母线表面。

(9) 新极安装好后,用块料垒墙堵中缝,撮碎块堵两极间的缝隙并收边,收边高度至极外露8~10 cm。

(10) 指挥天车工添加极上保温料,平稳操作,极上保温料加至10~18 cm。

(11) 盖好槽罩,清理现场,收好工器具。

(12) 遇脱落极,用钩子拉出小块,用“脱落用夹钳”取出大块,放到阳极托盘内。

(13) 根据新极上槽16 h后的电流分布值进行阳极水平修正,每台槽一天最多修正两块。

(14) 发现长包阳极,临时用高位残极或新极进行更换。

5.3 效应熄灭

5.3.1 阳极效应

阳极效应(以下简称效应)是熔盐电解过程中发生在阳极上的特殊现象。阳极效应发生时的现象如下:

(1) 火眼冒出的火苗颜色由淡蓝色变紫进而变黄,电解质与阳极接触周边有弧光放电,并伴有噼啪响声。

(2) 槽电压急剧升高到30~60 V,阳极四周的电解质停止沸腾。

(3) 与电解槽并联的效应信号灯闪亮。

阳极效应是熔盐电解过程中发生在阳极上的特殊现象,无论哪种解释机理都有氧化铝浓度降低的原因。

阳极效应发生的有利方面为：

（1）消除炉底沉淀，净化电解液（排除炭渣）。发生效应时，电解质对炭的润湿性不良，混入电解质中的炭渣可良好分离出来，起到降低电解质电阻的作用；发生效应时产生的大量热量可以熔化部分炉底沉淀。

（2）清理阳极底掌，规整炉膛，调整槽子的热平衡。若阳极底掌出现局部消耗不良，发生效应时，可在突出部分产生强烈电弧使之迅速烧掉，使阳极底掌平整；效应期间产生的高热量，可使局部突出的伸腿融化，使炉膛规整。

（3）发生效应的各种数据可提供槽子运行状态的信息，作为 Al_2O_3 投入量的校正依据。定时下料不可避免要出现偏差。这些偏差积累到一定程度，会使槽行发生失调，必须及时处理校正，处理的手段即人为设定效应间隔时间，即进行一段时间的正常加料后，停止加料期间效应不发生说明积料未消除完全，需从延长正常加料间隔上进行校正。相反，若效应提前发生，说明投入料量不足，需缩短加料间隔加以补充。

阳极效应对生产不利的方面为：

（1）浪费大量的电能，并增加氟化盐的蒸发损失，加大了物料消耗。

（2）影响系列电流的稳定性。

（3）增加工人的劳动强度。

因此，阳极效应不仅不能消除，而且效应熄灭是现场的主要操作之一。

电解槽上设有效应报警装置（有电铃和指示灯），当电解槽发生阳极效应时，计算机会监测出来，通过语音系统报给现场，进行自动效应加工，如效应时间过长，计算机会自动播报。

大型中心下料预焙槽采用人工插入木棒熄灭阳极效应的方法，实质是木棒插入高温电解质中产生气泡，赶走阳极底面上的滞气层，使阳极重新净化恢复正常工作，前提是电解质中氧化铝浓度应先提高到正常范围内。

AEB 操作管理中，应把控制 AE 持续时间和 AE 后捞炭渣作为质量控制点。

AE 持续时间是指从效应发生到熄灭的时间，AE 持续时间应控制在 5 min 内。

效应电压高低和稳定情况，可反映出电解槽运行状态。如效应电压稳定在 20~30 V 视为运行正常，高于此值视为热收入不足，低于此值视为热收入过剩；效应电压不稳视为炉膛不规整或阳极行程有问题。

异常电阻发生的主要原因是 AE 电压不正常或 AE 熄灭方法不恰当。对于高异常电阻，计算机放弃控制，但此时现场不应人为下降电压，通常停一段时间后电压可自动下降复原。对于低异常电阻，一经检出，计算机便强制提起阳极。若手动 AEB 时遇到低异常电阻，也应当马上手动提起阳极。

AE 后捞炭渣是净化电解质的有效方法，效应期间电解质中炭渣分离加强，均浮在表面，效应后不捞出又会重新混入电解质中，增大电解质电阻，影响阳极工作，故此作业决不能省。

5.3.2　熄灭阳极效应的作业规程

熄灭阳极效应的作业规程如下：

（1）认真分析与阳极效应发生率有关的因素，控制好效应系数。

(2) 确认效应发生电解槽槽号。

(3) 携带熄灭效应用的木棒,在电解槽出铝端放好。

(4) 查看槽控机面板上数据显示情况(正常:效应电压 20~30 V),并绕槽一周巡视。

(5) 开启出铝端槽罩,打开出铝口,检查效应加工是否正常,如有异常,报检修工段进行处理。

(6) 效应发生 5 min 左右(一般),把木棒从出铝口插入一侧阳极底掌下铝液中。

(7) 确认效应熄灭后抽出木棒。

(8) 打捞炭渣,放入出铝端风格板上设置的炭渣专用箱内,打捞过程中要使其中的电解质液良好分离(第三天早班,由当班人员把炭渣倒运至炭渣堆场,严防泼洒)。

(9) 盖好槽罩,清理现场。

(10) 废木棒收至定置摆放处。

从效应发生到熄灭的时间成为效应持续时间,即为计算机检出时间、效应加工时间和熄灭操作的最少时间之和,计算机检出和加料程序一般为 2~3 min,熄灭效应操作时间、效应持续时间在 5 min 左右,一般不应超过 8 min,超过则视为效应时间过长。

熄灭阳极效应的操作控制点是效应电压是否稳定和控制效应持续时间的长短。

应有效控制效应持续时间,注重操作方法。这要从两方面入手,一是插木棒前的准备要充分;二是插木棒时刻和方法要得当。准备工作充分,可以使效应加料按时顺利完成,插木棒熄灭效应时应在效应加工完了时,待电解质中的氧化铝浓度恢复到正常范围时插入木棒,否则会产生不灭效应。木棒应直接插入阳极底掌起到赶走阳极底部滞气层的作用。如效应电压不稳定,不能马上熄灭,否则易造成难灭效应,待稳定后再熄。

以上这些情况可以通过效应报表反映出来,可依照报表信息及时采取措施处理。

5.4 出铝作业

5.4.1 出铝过程

电解产出的铝液积存于炉膛底部,须定期抽取出来,送往铸造车间生产成产品。国内中、小型电解槽一般 2~3 天出一次铝,大型电解槽每天出一次铝。

出铝任务的数量根据电解槽系列电流以及槽子生产达到的电流效率而定。每槽吸出的量应等于在周期内(两次出铝间的时间)所产出的铝量,具体由工段长下达。吸出工根据指示量,使用 3 t 容积的喷射式真空抬包,在多功能天车配合下,每包一次吸出 2 台槽的铝液,然后用专用运输车送往铸造车间。

吸出作业的重点是准备好抬包,工作质量控制点是吸出精度和上电解质量。

抬包准备如何,影响到工作效率。如果抬包准备充分(各处密封好、不漏风),吸出铝液速度快,否则,上铝慢,甚至不上铝。此外,出铝口必须下管前打好,捞净炭渣和推开沉淀,防止吸出时堵管。

吸出精度要求+50~-10 kg(实出量与指示量之差),上电解质量每台 5 kg。吸出工以多功能天车上的电子秤的读数为基准进行判断。如果出现某槽误差较大,应自觉进行补救。否则就会破坏槽子的技术条件。

电解质超量吸出是出铝管未下到铝水层内便开风吸出。多吸出电解质也破坏槽子技术条件,急速增加抬包重量。吸出工下管前应掌握槽子铝水深度,管口必须下到铝水层内。

吸出前通知计算机,计算机便进入出铝控制程序,以便出铝时自动下降阳极,出铝完后槽电压恢复到正常,再自动转入正常控制,若出现吸出控制失败,吸出工应将电压手动降到正常。

出铝后应趁热除清抬包内残留的电解质或沉淀物,以保证规定的使用天数。清出的电解质应及时加入槽内或送至电解质堆放处。

填好作业记录,算出每槽实出的量和电解质量,并将每槽实出铝量报送计算机中心,以供制作日报表用。

5.4.2　出铝作业规程

出铝作业应做好如下准备:

(1) 设备、工具。准备好多功能机组、抬包、出铝用工具等。

(2) 准备工作。天车吸出工应先接到工区长下达的吸出指示量,明确每台槽的吸出量,然后检查机组,并准备好所需工具、材料。

(3) 封包。用石棉绳密封好抬包盖,装好观察孔用玻璃,检查消声器、喷嘴是否装好,吸出软管是否完好。

(4) 吊包。操作天车,吊起抬包,移至吸出槽。

作业步骤如下:

(1) 确定要出铝的电解槽,揭开出铝端的槽罩(一次只能揭开两台电解槽的槽罩),打开出铝口,并将出铝口处的炭渣打捞到炭渣箱内。

(2) 多功能天车吊来出铝抬包后,按下槽控机上的"出铝"键,将抬包吸出管伸入出铝口,接通压缩空气开关。

(3) 向出铝抬包通入高压气体,吸出铝液。

(4) 当天车电子秤显示数据达到指示量时,立即关闭压缩空气,停止出铝。

(5) 缓慢转动抬包手柄,用多功能天车将抬包吊离电解槽。

(6) 每台电解槽的出铝精度保持+50～−10 kg,确保电解槽平稳运行,防止病槽产生,避免电力浪费。

(7) 当出铝抬包内积聚的固体电解质影响出铝精度时,必须进行清理。

(8) 清理出铝抬包(抠包)时,必须轻拿轻放工具,动作平稳,减少粉尘飞扬。

(9) 用于清理出铝抬包风镐必须润滑良好,并扎紧风镐皮管接头,防止漏风产生噪声。

(10) 润滑、检修出铝抬包产生的含油废弃物放置于电解厂渣场内的专用垃圾桶内。

(11) 检修出铝抬包产生的废石棉放置于电解厂渣场内的专用垃圾箱内。

(12) 出铝、抠包、检修出铝抬包过程中产生的废钢材堆放于电解厂渣场内指定地点。

5.5　抬母线

5.5.1　抬母线作业

阳极导杆固定在电解槽阳极大母线上,随着阳极不断消耗,母线位置不断下降,当母线接近上部结构中的密封盖板时,必须进行抬母线作业。

两次作业之间的时间称为抬母线周期,周期长短与阳极消耗速度和母线有效行程有关。母线有效行程长,抬母线周期相应的就长些。抬母线周期用下式计算:

$$T=S_{效}/h_c$$

式中 T——抬母线周期,d(天);

$S_{效}$——母线有效行程,mm;

h_c——阳极消耗速度,mm/d。

以在 5.2.2.1 节中提到的某铝业公司的 200 kA 预焙铝电解槽的实际为例:该电解槽母线总行程为 400 mm,生产过程中,考虑上安全行程到 50 mm,下安全行程到 320 mm,所以有效行程为 270 mm。如前所述,阳极的实际消耗速度为 14.67 mm/d,则抬母线的周期为:

$$T=270/14.67=18.4\approx18(d)$$

大型预焙槽一般抬母线周期为 15~20 d,可按此周期按照系列生产槽数,安排每天工作量。

抬母线作业使用专门的母线提升机,由多功能天车配合作业。母线提升机为一框架结构,上面装有与电解槽阳极数目相对应的夹具,按槽上阳极位置排成两行,每边安装一个滑动扳手,每个夹具上装有一隔膜气缸,隔膜气缸和滑动扳手与框架上的高压总气管相通,以天车空压机输出的高压风作为动力。操作时,用天车卷扬机吊起母线提升机支撑在槽上部横梁上,高压风驱动隔膜气缸动作,带动夹具锁紧阳极导杆,使阳极重量改由夹具-框架-桁架支撑并固定位置,操纵提升机上的滑动扳手,松开阳极卡具,借助母线与导杆之间的摩擦导电,按下槽控箱的阳极提升按钮,母线上升,阳极不动。当母线上升到要求位置时停止,将阳极卡具拧紧,松开提升机夹具,由天车吊出框架,完成一台槽抬母线作业,每台约耗时 20~30 min。

抬母线过程中不得进行其他作业,同时应注意以下事项:

(1) 吊方框架要平稳、准确。

(2) 抬母线过程中如果发生效应,铝导杆与母线的界面就会出现电弧从而灼伤导电界面或烧毁导杆。因此抬前必须查看报表或与计算机联系,不能在效应等待期间进行作业。若抬时出现效应,必须停止操作,把效应熄灭后,再继续作业。

(3) 带阳极。这是由于铝导杆弯曲或拉紧丝杠过紧,导杆紧贴母线,将阳极或临时框架带起,造成被带阳极附近结壳破损。此时必须立即停止操作,将带阳极的一端拉紧丝杠放松,使阳极和临时夹具自动恢复原位。

(4) 阳极下沉。这是由于临时夹具未拧紧,当铝导杆的夹具松开时,阳极脱落下沉。此时应停止操作,将下降的阳极复位,拧紧临时夹具。

(5) 铝导杆与铝母线接触处打火花。其主要原因是铝导杆与母线的间隙过大,此时只需立即拉紧丝杠即可。

(6) 松开卡具应在 A、B 面对角进行(两人同时操作),避免提升机构偏斜。

抬母线的质量控制点是联系计算机和抬完母线后旋紧阳极卡具的程度。

若卡具不旋紧,引起阳极下滑,会造成槽况恶化。因此,要经常检测风动扳手的扭紧力,为了能及时检查出阳极下滑和下滑的程度,抬前必须在阳极导杆沿卡具下侧用彩色粉笔画线,抬后擦去先画的线而重新再卡。

在提升母线过程中,由于导杆与母线之间靠移动摩擦形式导电,该处的电压降将上升,平时对此无妨,但一旦效应来临,导杆与母线的界面上就会产生电弧,而灼伤界面,严重时会烧断导杆,甚至造成系列断路。因此,不能在效应等待期间进行作业,同时要保证在效应一旦来临有立即旋紧卡具,并将它迅速熄回的应变措施。

5.5.2　抬母线作业规程

抬母线作业应做好如下准备:

(1) 每天抄回转计读数,以回转计读数为依据,确认抬母线槽号。

(2) 检查天车副钩、母线提升框架是否正常,要抬母线槽提升机构是否正常。

(3) 准备所需工具,如母线提升框架、呆扳手、粉笔。

(4) 检查抬母线槽是否在效应等待期,如果在效应等待期,要看槽控机的回转计读数,以确定是否推迟抬母线。回转计读数在 60 以上的,安排到第 2 天抬母线;回转计读数在 60 以下的,当天等效应发生后恢复正常抬母线。如果效应不发生,强制抬母线,要及时向领导汇报,拿出有效措施后,再进行抬母线作业。

作业规程如下:

(1) 天车工在母线工的配合下,吊起母线提升框架,保持框架两端水平,上升到上限位。

(2) 把母线提升框架移至准备抬母线的生产槽上方。

(3) 通过软管连接,使提升框架接通地面上的压缩空气。

(4) 与计算机联系,按抬母线键。

(5) 天车工操作天车副钩,对准位置,下降母线提升框架,夹住槽上各阳极导杆,打开夹紧气阀,使框架紧夹住阳极导杆。

(6) 用风动扳手旋松卡具,必须保证锁抬槽的所有卡具松开。

(7) 按槽控箱升阳极键,开始抬母线,水平母线上升至上限位后停止抬母线。

(8) 用呆扳手复紧卡具,要保证旋紧。

(9) 用粉笔沿水平母线下沿画出定位线,以便确认抬母线后阳极是否有下滑现象。

(10) 松开夹紧气阀,使框架不再紧夹阳极导杆。

(11) 记录:在《抬母线记录表》上记录抬母线前后槽电压及其他情况。

5.6　扎边部

大面积修补侧槽帮,除起到规整槽膛外,随着大量物料加入槽内,客观上起到了一定程度的加料、降温、收缩槽膛抬高铝液和电解质的作用。

近几年来,随着操作工艺的不断改进,许多工厂采取“四低一高”的技术条件,即较低的氧化铝浓度、较低的物质的量比、较低的电解温度、较低的阳极效应系数和较高的槽电压,使得侧部的热流减少,有利于自然形成凝固的槽帮,可减少已凝固槽帮的再次熔化,有利于槽帮的坚固和长寿。有些大型预焙槽的工厂由于采用窄加工面,便不做边部加工作业,有利于维护侧部槽帮的形成。

扎边部作业规程如下:

(1) 需要扎边部的电解槽旁要准备适量的电解质块。

(2) 打开扎边部位置的槽罩,放置在旁边槽罩上。

(3) 联系计算机,按槽控箱的扎边部按钮,启用扎边部控制程序。

(4) 在扎大面时,天车工操作打击头打开大面结壳,电解工配合添加电解质块,由外到里,扎 2~3 遍,扎实后补充电解质块,并收好边。

(5) 与换极操作一样,收边整形,加保温料。

(6) 盖好盖板,打扫槽沿卫生。

5.7 捞炭渣作业

生产过程中,炭粒从炭块上脱落下来并漂浮在电解质的表面,形成炭渣。炭渣在电解质中对电解危害很大,必须加以清理。

捞炭渣是清洁电解质的有效方法,效应期间电解质中炭渣分离较好,且浮在表面,效应后若不捞出又会重新混入电解质中,增大电解质电阻,影响阳极工作,故此作业绝不能省。

预焙阳极质量不好是形成炭渣的主要原因,阳极质量较好时,产生的炭渣量不大,并直接与空气发生氧化反应燃烧消耗掉,若产生的炭渣量较多,则炭渣漂浮在电解质表面,积累过多时会造成很多危害,必须捞取炭渣。

炭渣在槽中积聚的部位不同其产生的危害也不同:

(1) 中缝处的过厚的炭渣妨碍了氧化铝的加入,容易引起突发效应。

(2) 聚集在侧部加工面的炭渣使得部分电流流向旁路,电流效率下降。

(3) 电解质表面炭渣过多易引起两极间短路,出现效应电压低下、电压波动、局部过热的病症。

(4) 角部阳极底掌积聚过多时,容易造成阳极长包。

所以必须制定打捞炭渣的制度定期捞取炭渣,以净化电解质。

一般捞取炭渣在阴极效应发生后和角部换极时进行。平时在更换阳极时和在出铝口也可以根据实际情况进行打捞。

捞炭渣作业规程如下:

(1) 打开出铝口,将电解质块捞出堆放在阳极结壳上,用捞勺从里向外掏几下,炭渣一般就会不断地漂出,此时用捞勺及时将炭渣捞到炭渣箱内。

(2) 阳极效应发生后电解质沸腾激烈,炭渣与电解质分离良好,此时也应及时捞取炭渣。

(3) 更换角部极时,侧部聚集在阳极下的炭渣不断漂出,此时应及时捞取炭渣。

(4) 将炭渣捞到炭渣箱中,并须将其统一送到指定的位置堆放,不得随意堆放。

5.8 短路口作业

电解槽通电或停电时的作业,即为短路口断开操作和短路口短路操作。

操作工具有呆扳手、撬棒、绝缘板。

短路口断开作业规程如下:

(1) 确认短路母线作业口,准备好绝缘板。

(2) 联系供电处予以停电,并从槽控机上确认后方可开始作业。

(3) 迅速将紧固螺母松掉并撬开短路口接触面,将绝缘板插入后,拧紧螺母。

(4) 测量立柱母线与短路母线间的绝缘电阻是否符合要求。

(5) 检查短路口是否作业完毕,并迅速带上工具撤离现场,整个操作过程应在 3~5 min 完成。

(6)与供电处联系,开始送电。

短路口短路作业规程如下:

(1) 确认短路母线作业口,准备好工具、钢刷、四氯化碳溶液。

(2) 用风管将短路母线口积灰吹干净,以保证短路口接触良好,降低母线短路后的接触电压降。

(3) 联系供电处予以停电,经确认后,迅速将紧固螺母松开,并撬开短路口接触面,将绝缘板抽出后,用四氯化碳溶液冲洗短路口接触面,清洗干净后拧紧螺母,使母线接触面紧贴在一起。

(4) 确认短路母线安装完后,联系供电送电,送电后测量短路口是否符合要求。

复习思考题

5-1　电解岗位安全操作规程的具体要求有哪些?

5-2　电解生产正常操作有哪些内容?

5-3　定时加料具体操作过程如何?

5-4　阳极更换周期如何计算,阳极更换操作如何进行?

5-5　什么是阳极效应,阳极效应如何熄灭?

5-6　出铝操作如何进行?

5-7　抬升母线操作如何进行?

5-8　边部加料作业操作如何进行?

5-9　捞炭渣等操作如何进行?

6 电解槽的正常生产管理

新槽启动后，经过3个月的调整，逐渐形成规整的炉膛，电解槽进入正常生产阶段。在正常生产期，需要对各项工艺技术条件进行管理。这些工艺技术条件包括槽电压、加料量（指Al_2O_3通过加料间隔管理来实现）、铝水平和电解质水平、阳极效应、槽温等，在保证电解槽操作质量的前提下，管理好这些技术条件，电解槽就能在长期的稳定状态下工作，获得高电流效率和低能量消耗，此乃电解生产管理的主体，须特别重视。

6.1 铝电解槽正常生产的特征

生产正常的铝电解槽具有以下特征：

（1）电解槽的各项技术参数稳定地保持在设定的范围内；

（2）从火眼喷冒出有力的火焰，颜色为纯蓝色或淡紫蓝色，或稍带黄线；

（3）电解质温度保持在940~960℃；

（4）阳极周围电解质“沸腾”均匀，炭渣分离好；

（5）槽面上有完整的结壳且疏松、易打碎；

（6）“伸腿”（电解质-氧化铝结壳）均匀适量，形成了规整的炉膛内型；

（7）用铁钎子插入槽内，取出后，电解液与铝液表面分离明显。

6.2 槽电压管理

6.2.1 槽电压的表示方法及其关系

铝电解生产时，电压统计报表上有槽工作电压、效应分摊电压和黑电压、全电压之分。计算机控制的电解槽还有设定电压的数值。

净电压（V_{NET}）在国内俗称工作电压，是计算机控制后的槽实际电压，它不包括效应电压分摊值。净电压与设定电压的差值反映了现场是否存在异常电压。

效应分摊电压（V_{AE}）是分摊到每台槽上的效应电压，通过效应系数和效应时间的长短来进行控制。

系列线路电压降的分摊值（生产上也称作黑电压）是指槽上电压表测量范围以外的系列线路电压降的分摊值，如槽与槽之间的线路电压降等。此值取决于线路材料，一旦安装完毕，其本身压降即确定。

设定电压（V_{NOM}）也称公称电压，是管理者根据槽子状态而定下的电压值，计算机按此电压进行控制。设定电压可随时更改。

全电压（V_{ACT}）是包括效应分摊电压在内的电压值。因此有：

$$V_{ACT}=V_{AE}+V_{NET}$$

6.2.2　槽工作电压

槽工作电压指电解槽正常工作的电压，由电解槽的阳极母线压降、卡具压降、铝导杆压降、爆炸焊压降、钢爪压降、钢爪-炭块压降、阳极炭块压降、阴极压降、分解与极化压降、电解质压降（极距之间）、效应分摊压降组成。

由吨铝电耗=2980V/η（式中 V 为槽工作电压，η 为电流效率）可以明显看出，槽工作电压的高低直接影响吨铝电耗的高低。但是不能一味压低电压来降低电耗，因为一定的槽工作电压才能维持电解槽的正常生产。在实际生产中，我们要保持合适的电压，利用极距与电流效率的关系，使极距保持在拐点之上，获得较高的电流效率。

阳极母线压降在电解槽运行期间基本不变，其实际值取决于电解槽的母线配置及安装。母线配置一旦确定，母线本体压降即确定，各焊接点压降取决于第一次安装时焊接的质量，但立柱母线与阳极大母线间焊接点的压降每次大修后视接触面清理程度而有变化，电解槽通电后此值不会改变。

铝导杆压降、爆炸焊及钢爪本身的压降由材料和本身质量决定，生产者也不能改变。

卡具压降指阳极大母线与铝导杆的压降，受横梁母线与铝导杆的接触面导电性影响，并与小盒卡具松紧有关。如果小盒卡具未拧紧，发生效应时还可能导致铝导杆、大母线、小盒卡具被打坏。应加强对铝导杆、大母线表面的打磨和小盒卡具复紧工作。在测 16 h 值时同时测卡具压降，对该值进行严格管理。若卡具压降小于 10 mV 属于正常，10～20 mV 偏高，大于 20 mV 属于不正常，需要返工。这样就保证了该项值的正常。

钢爪-炭块压降，主要由钢爪表面导电性能、炭块质量、磷生铁的配方和磷生铁浇注质量决定，此项压降由炭素厂控制。

在电解生产中阳极压降由槽内所有阳极炭块的厚度和质量决定。例如换极周期延长，使槽内阳极厚度降低了，可使阳极压降降低。

阴极压降在短期内（与槽寿命相比）随炉底洁净情况而变。若炉底干净，铝水与阴极炭素表面接触良好，则该处压降小。若炉底有沉淀或结壳，阴极压降也会成倍增长。在整个生命周期，阴极压降也与炉底老化程度有关，随槽龄增长而增长。

效应分摊压降是通过对效应系数和效应时间的长短来进行控制的。电解槽电压表上反映出的电压是排除效应分摊电压外的其他项的总和。效应分摊压降是由现场操作人员根据现有电压平衡和电压各组成部分的具体情况设置的，并经过了生产实践的反复验证。如果低于该设定电压，电流效率会很快下降；如果高于该值，电流效率上升并不明显，说明该设定电压对应的极距位于极距与电流效率关系图的拐点处。如果电压各组成部分发生变化，该目标设定电压也要相应调整。

由于每台电解槽安装质量各异，槽工作状态不一，所以每个槽的电压并不绝对一致，这就需要管理人员根据实际情况人为设定。在进行计算机控制的电解槽上，计算机以人为设定值为目标，忠实地监视和维持、调整槽电压。

在电流恒定的条件下，电压是调节电解槽能量平衡最重要、最易实现的因素之一。因此，电压管理实质是电解槽能量平衡的主要管理。在实际生产中，通过变更设定电压实现槽电压的变更，其实质是通过增减极距来变更电解质电压降。这是基于 $V=PL+b$ 的线性函数关系，式中：常数项 b 为阳极、阴极、母线、分解与极化电压之和，常把它们看成是接近设计值的常数;P 为每移动单位长度阳极位置的电压变化量,虽然它与电解槽设计尺寸有关,但主要取决于电解质电阻。电解质电阻与电解质成分和过热度(高于电解质熔点的温度)以及电解质的洁净程度有关。电解质中炭渣量大,悬浮固体 Al_2O_3 量大,电解质电阻也大。当槽电压恒定,但炉底、阳极电压降增高时,或电解质电阻变大时,极距就会被压缩,从而引发病槽。

6.2.3 槽工作电压控制

对槽工作电压的控制,要根据电解槽的实际情况预先设定一个值,在无计算机控制的情况下,需人工判断此值,并依据该值进行人工调整槽工作电压。而在计算机程序控制的情况下,同样人工判断此值但是要输入计算机,成为计算机控制电解槽运行的重要参数。这个值即是设定电压。另外,由于正常电解槽的电压随时在变动,为避免计算机误判造成不停地升降阳极,要设定一定范围的电压波动值(100~150 mV),电压波动只要在此范围内,计算机就认为电压正常而不作出反应。计算机根据设定电压自动调节极距来使槽工作电压符合设定值。

设定电压并非一成不变,它要根据槽况进行调整。设定电压在以下情况时需要上升:

(1) 电解槽热量不足,效应多发或早发时。

(2) 电解质水平连续下降,需投入大量氟化盐提高电解质水平而补充热量时。

(3) 炉帮变厚、炉底出现沉淀时;

(4) 出现电压摆动(又称针振)时;

(5) 铝水平超过基准值 1 cm 以上;

(6) 在 8 h 内更换两块阳极时;

(7) 系列较长时间停电,恢复送电后时;

(8) 出现病槽时。

在以下情况要降低设定电压:

(1) 电解槽热量过剩,效应迟发时;

(2) 电解质水平连续在上限基准之上时;

(3) 投入的物料已熔化,无须再补充热量时;

(4) 电压摆动消失后;

(5) 炉底沉淀消除后;

(6) 病槽好转时。

在电解槽恢复过程中,应根据情况及时调整,否则产生热量收支不平衡,恶化槽况。其他情况的变更,应按疗程原则进行调回,此间必须实行其他调整热平衡的措施(如调整出铝量和极上保温料),不能单靠变更电压来维持。应注意,严禁在无干扰因素的情况下每天变动。

6.3 电解温度的控制

在生产上把电解质温度视为电解温度,并作为重要的技术条件。一般取 950~970℃,大约高出电解质的初晶点 15~20℃。电解温度对电流效率影响特别强烈,随温度升高,按指数规律加速扩散过程,铝损失相应增加。通过研究,铝的二次损失随电解温度的升高而增加,温度每升高 10℃,则电流效率降低约 1%。同时电能和物料消耗量也增多,大大提高了生产成本。因此,现代铝工业应当采用低熔点的电解质,以便降低电解温度。

要想保持较低的电解温度,必须从调整电解质成分、降低其初晶温度开始。向电解槽中添加氟化镁、氟化钙或氟化锂以及降低物质的量比,都可以达到降低电解温度的目的。

加料制度对电解温度也有影响。在两次加料之间的电解温度总有升降的周期性变化。每次加料时,减小电解质面壳破坏,并且每次加少量氧化铝,则可以降低加料引起温度的波动,对低温电解极为有利。

同时,正常电解温度的保持也需要其他技术参数的配合,因为各项参数的改变都能引起电解温度的变化。电流强度和槽工作电压的变化会影响电解质的热量收入变化,铝液和电解质的水平高低将影响电解热平衡和热惯性的好坏。所以,在生产中要综合调整各项技术参数,使电解温度稳定在规定范围内,其温度范围视电解槽的类型、工艺制度和电解质成分而定。

6.4　铝水平和出铝量管理

在采用炭阴极的电解槽上,炉膛底部需积存一定数量的铝液(也称在产铝)。其作用一是保护炭阴极,防止铝直接在炭阴极表面析出而腐蚀阴极;二是传导阳极中心热量,使电解槽各处温度均匀;三是削弱电磁力的影响,稳定铝液。因此,铝液数量必须同时满足槽子的热设计和磁场设计,生产中应按设计数量保持。

生产槽上这些铝液被装在由热设计所确定的炉膛内,在定型的炉膛中保持一定的高度,管理者通过对铝水平(即铝水高度)的管理来对出铝量进行管理。如某 200 kA 电解槽设计确定槽内保持 10 t 铝液,在确定的炉膛内铝水平为 20～21 cm。

铝水平是影响电解槽热平衡的重要因素,影响结果反映在炉膛形状、炉底洁净情况上。铝水平偏高时,传导槽内热量多,会使槽温下降,炉底变冷,产生沉淀,炉底状况恶化,热阻增加,通过炉底的热量减少,从而加大侧部散热,最终形成侧部炉帮减薄、下部伸腿伸长的畸形炉膛。铝水平偏低时,发热区接近炉底,铝液传导热量减少,炉底温度高,虽然炉底洁净,但炉膛过大,铝液镜面大,铝液中水平电流密度大,在磁场作用下产生强大的推力,加速铝液运动,出现大幅度槽电压摆动;过低时,甚至滚铝,演变成大病槽。此外,铝水平偏低时,阳极下面电解质温度高,铝的二次反应严重,电流效率下降,同时聚集在阳极下面的炭渣被烧结成饼,引起阳极长包。

由以上分析可见,电解槽的铝水平管理十分重要。管理的重点是保持铝水平稳定,防止偏高偏低。

铝水平的管理,首要条件是采用正确的测量方法,取得准确的铝水平数据。

6.4.1　一点测定

一点测定位置通常取在出铝口,用 40°钎子配水准仪进行测量。测量时必须严格保证测量点是真实的炉底,避免钎子落脚在冲蚀坑中。因为随着槽龄的老化,阴极破损逐渐增多,特别是出铝打击锤头下方的阴极炭块都出现了冲蚀坑。为了准确地测量铝水平和电解质水平，钎子落脚点从原来的锤头下方向里面推进，要求钎子落脚点在第二块阴极炭块上距离第一条扎缝（炭帽）1～3 cm 处。

6.4.2 加铜盘存法

为了较为准确地反映电解槽内的在产铝量，将定期加铜盘存与一点测定进行对比，分析一定周期内的电流效率。特别是对于炉底破损槽，一点测定的铝水平太高，更需要盘清槽内在产铝量以确定需保持多少铝水平。

盘存法测量槽中铝量，是采用向电解槽铝液内加入指示剂而后根据指示剂被铝液稀释的程度来决定，一般选择的是惰性指示剂 Cu，因为它满足了如下条件：

（1）在铝液中易于溶解和扩散均匀化；

（2）不进入阳极和电解质中；

（3）在正常操作过程中，由原料（氧化铝、阳极等）带来的 Cu 量基本上是稳定的。

加铜盘存法的计算公式如下：

$$m_{Al}=(1-w(Cu)_c)/(w(Cu)_c-w(Cu)_0)\times m_{Cu}$$

式中 m_{Al}——加铜后取样分析时槽中铝量，kg；

$w(Cu)_c$——加铜后铝液中铜的浓度（质量分数），%；

$w(Cu)_0$——加铜前铝液中铜的浓度（质量分数），%；

m_{Cu}——加入铝液中的铜的质量，kg。

生产中上述两种方法常常会同时使用，并加以对比来准确测定铝水平及电流效率，从而指导出铝量。

每台槽的出铝量应等于出铝周期内所产的铝量。目的是保持槽内有稳定的铝水平，以使槽的热平衡不致被破坏。

6.4.3 出铝量的管理

出铝量的管理是指怎样确定各台槽每次吸出多少铝，即确定指示量。严格地讲，每台槽每次的出铝量应等于出铝周期内所产的铝量，但实际生产中难以做到准确把握此量，并且，应将盘存在产铝与测量的铝水平结合起来进行分析。例如某厂铝水平有 20～21 cm，槽内相对干净并无过多沉淀和结壳，在产铝量 10 t 以上。如有过多沉淀和结壳造成不足 10 t 在产铝，由于铝水平关系到槽子的热平衡以及正常生产，也应以铝水平来决定出铝量的多少。电解槽现槽日产在 1370 kg 左右，当铝水平高于 21 cm 时，出铝量应大于 1370 kg，具体出铝量应视铝水平高出多少和槽温而定；当铝水平低于 21 cm 时，出铝量应小于 1370 kg，以逐步恢复到正常水平。

6.5 收边及极上保温料的管理

极上保温料是维持电解槽热平衡的一个重要因素。电解槽的热设计确定之后，生产中必须保证其热收入及热支出的平衡，才能达到槽子的平稳运行。极上保温料主要是起保持电解槽热量的作用，但它也可作为调节热支出的手段，通过减小或增加极上保温料厚度，可以增减电解槽的热支出。

某 200 kA 系列中间下料预焙槽采用氧化铝作为极上保温料，当设计槽电压为 4.19～

4.21 V、铝水平为 20~21 cm 时，极上保温料为 16~18 cm。如果有过剩的热量输入（指电流升高或电压偏高，或效率下降时铝氧化成 Al_2O_3 的放热等），可通过减薄极上保温料来增大散热，避免槽温升高。冬季还可加厚极上保温料来加强槽子保温。据日轻研究所测定，每减薄 1 cm 极上保温料，多放出的热量相当于 0.06~0.09V 的电压所产生的热量。正常槽如果极上保温料不足，将会导致槽子走向冷行程，不然必须升高槽电压来维持热平衡，造成多耗电能。生产管理中必须按热设计所确定的标准来保持极上保温料，当出现输入热量不平稳时，可适当增减厚度，作为调节的手段之一。但不能只考虑这一种手段，必须与槽电压、铝水平调整配合实施。

此外，为了巩固电解槽启动后期形成的炉帮，长期保持规整稳定的炉膛，应加强电解槽的侧部散热、四角保温。为此，在换极的收边过程中应保留散热带，即侧部炭块上面那块筋板的上方不得有任何物料，包括收边用的面壳块和氧化铝。另外，还应实行收低边的换极制度，也就是在收边过程中，面壳块和氧化铝只能添加到阳极炭块上表面以下 5 cm 左右，如图 6-1所示。

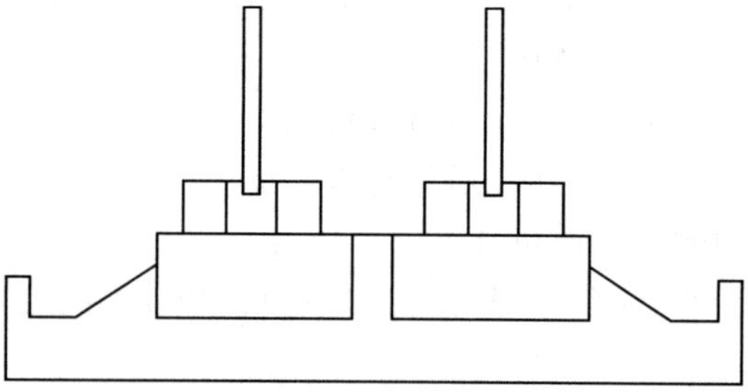

图 6-1　收边过程中阳极炭块上面壳块和氧化铝添加示意图

到四天以后换邻极的时候，再在阳极炭块露出部分添加面壳块和氧化铝以防止阳极炭块氧化。此时添加的氧化铝就不会滑落到筋板上了。当然，对于四块角极（出铝端和烟道端的四块阳极），在收边过程中应只留出散热带而不收低边，以实现四角保温。

6.6　极距

极距既是电解过程中的电化学反应区域，又是维持电解温度的热源中心，对电流效率和电解温度有着直接影响。

增加极距能减少铝的损失，会使电流效率提高（如图 6-2 所示）。这是因为溶解在铝液镜面附近的电解质中的铝粒子和单价铝离子（Al^+）扩散和转移到阳极附近的距离增加，并且电解质的搅拌强度减弱的缘故。但是由于极距增加，槽工作电压也升高，会增加电能的消耗。另外，电解质的热收入增多，温度升高又对电流效率产生不利影响。

缩短极距可降低槽电压，节省电能。但是过度地缩短极距会使铝的损失增加，降低电流效率。

当槽电压恒定时，极距会受到炉底、阳极电压降和电解质电阻的影响。当炉底、阳极电压降增高或电解质电阻变大时，极距就会被压缩。

所以，电解槽应从保持稳定的热平衡制度出发，在不影响电流效率的情况下保持尽可能低的极距，以便获得良好的技术经济指标。

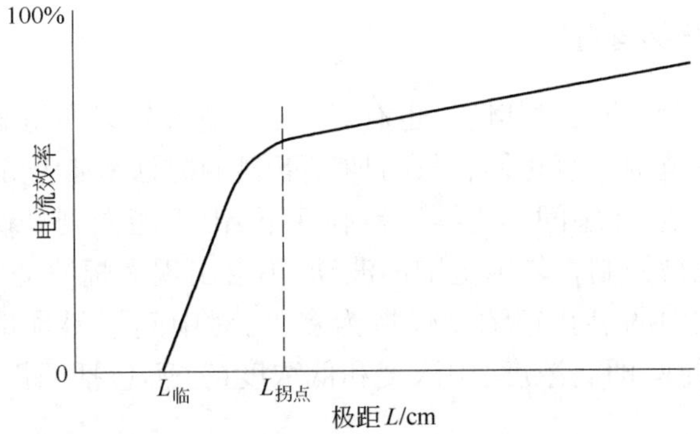

图 6-2 电流效率随极距的变化曲线

6.7 电解质成分

电解质主要是由熔融的冰晶石和溶解在其中的氧化铝组成,另外还有少量的氟化钙和氟化镁等添加物。电解质的成分决定了电解质的性质,其中物质的量比对电解质的物理性质影响甚大。

6.7.1 电解质物质的量比(CR)

电解质物质的量比是电解质中的氟化钠与氟化铝物质的量之比的简称。电解质中,物质的量比等于3的为中性电解质,大于3的为碱性电解质,小于3的为酸性电解质。工业合成的冰晶石物质的量比为1.9~2.2。目前,在铝电解生产上采用酸性电解质。有如下优点:

(1) 电解质的初晶温度低,可降低电解温度。

(2) 钠离子(Na^+)在阴极上放电析出的可能性小。

(3) 电解质的密度和黏度降低,使电解质的流动性较好,并有利于金属铝从电解质中析出,铝液与电解质熔体分层清晰。

(4) 电解质与炭素以及电解质与铝液界面上的表面张力增大,有助于炭粒从电解质中分离和减小铝在电解质中的溶解度。

(5) 槽面上的电解质结壳松软好打,便于加工操作。

由于上述优点对电流效率的提高和生产操作都有较大好处,所以酸性电解质被广泛采用。

但是采用酸性过大(即物质的量比过小)的电解质也存在如下缺点:

(1) 氧化铝的溶解度降低。

(2) 导电离子 Na^+减少,电解质的电阻增大,电导率有所降低。

(3) 氟化铝挥发损失较大。

(4) 由于电解质中含有大量的过剩氟化铝,生成低价氟化铝的反应增加,反而会使铝的损失增加。

因此,采用酸性电解质时,要控制电解质的物质的量比不能过低。

6.7.2　电解质中的氧化铝含量

电解质中氧化铝含量不同，对其性质也有影响，但是氧化铝在电解过程中不断消耗，对其含量只能控制在某一范围。氧化铝含量与加工下料的方法和制度有关，也就是与槽型有关。对于中间下料预焙槽，在中间半连续下料制度下，由于能做到准确计量氧化铝下料量，电解质中的氧化铝浓度被控制在较窄范围内波动，不会出现大幅波动的情况，对稳定生产有好处。这样选择电解质中的氧化铝浓度保持为多少，对中间下料预焙槽的生产就很重要。通常有三种浓度可供选择，即高浓度、中浓度和低浓度（这不包括阳极效应前 1~2 h 内的浓度）。

（1）高浓度（$w(Al_2O_3)=6\%\sim8\%$）。优点是：电解质的初晶温度低，电解可以在较低的温度下进行；极化电压低；氧化铝溶解热（吸热）小；电流效率高。但其缺点是：电解质导电性差；氧化铝溶解速度小；槽底容易产生沉淀。可见高浓度对中间半连续下料不利。

（2）中浓度（$w(Al_2O_3)=3\%\sim6\%$）。优点是：Al_2O_3 溶解热稍小；Al_2O_3 溶解速度较快，不容易产生大量沉淀；同时又减少了发生阳极效应的可能性。

（3）低浓度（$w(Al_2O_3)=2\%\sim3\%$）。优点是：电解质导电性好；Al_2O_3 溶解速度快，在槽底不容易生成沉淀。其缺点是：电解质初晶温度高，因而需要较高的电解温度；极化电压高；临界电流密度小，容易发生阳极效应；氧化铝的溶解热大。

目前，大型预焙槽选择电解质中的氧化铝含量在 1.5%~3%（质量分数）的范围内，主要是因为电解质的物质的量比控制较低（在 2.5 以下），以利于低温操作，提高电流效率，而且电能消耗也不会增加太多。

6.7.3　电解质中的添加剂

电解质中含有一定数量的氟化钙或氟化镁，其主要作用是降低电解质的初晶温度，保持较低的电解温度，使铝的溶解损失降低，这样对提高电流效率有好处。

目前，工业电解质成分大致为：预焙槽的物质的量比为 2.3~2.55；自焙槽的物质的量比为 2.6~2.8；预焙槽的氧化铝含量为 3%（质量分数）；自焙槽的氧化铝含量 2%~8%（质量分数）；氟化钙或氟化镁为 3%~6%（质量分数）。

6.8　电解质水平

电解质水平是指电解质液体在槽内的高度。电解质是溶解氧化铝的熔剂，保持合适的电解质水平对电解槽平稳而有效地进行生产有重要作用。电解质水平高低取决于电解槽的类型、容量，阳极电流密度，下料方式和操作制度，铝液水平以及操作人员的技术水平。

维持适当的电解质水平会有以下优点：

（1）可以使电解槽具有较大的热稳定性，电解温度波动小。

（2）有利于加工时氧化铝的溶解，不易产生沉淀。

（3）阳极同电解质的接触面积增大，使槽电压减小。

电解质水平过高则会有以下缺点：

（1）阳极埋入电解质中太深，阳极气体排出时，电解质搅动加大，引起电流效率降低。

（2）阳极埋入电解质中太深，则从阳极侧部通过的电流会增加，阳极侧部通过电流过多时,上部炉帮易熔化难于维持,严重时还会出现侧部漏电或侧部漏炉现象,特别是电解质水平过高而铝液水平过低时,该现象更为明显。

电解质水平过低则会有以下缺点:

(1) 电解质热稳定性差,对热量变化特别敏感。

(2) 氧化铝在电解质中的溶解量降低,易产生大量沉淀,使阳极效应增加。电解质水平尤其过低时,易出现电解质表面过热或病槽,增加原材料消耗和降低电流效率。

中间下料预焙槽的电解质水平要比边部下料自焙槽的电解质水平高。原因如下:

(1) 中间下料预焙槽的下料部位固定在槽的两排炭块之间的狭小区域,并且是频繁下料,如果电解质水平低,则易在该局部区域形成沉淀。而边部下料自焙槽的下料部位是在大面,下料区域大,间隔时间长,所以即使电解质水平低一些,在正常运行时也不会在局部区域形成沉淀。

(2) 中间下料预焙槽由于是局部频繁下料,电解质水平高,则槽内电解质数量多,能溶解的氧化铝量也多,减少了其沉淀量。

在生产过程中,电解质水平的高低是与铝液水平的高低紧密联系的,电解质水平要相应于铝液水平,维持电解槽的热平衡,热平衡一旦遭到破坏,两者的高度就会变化。所以电解温度的波动会直接影响到两者的高度变化。电解温度过高,则槽底和槽侧的电解质沉淀和结壳熔化,使电解质水平提高而铝液水平降低。反之,电解温度过低,则槽底和槽侧的电解质沉淀和结壳就会增多增厚,使电解质水平萎缩而铝液水平提高。

6.9 阳极效应系数

阳极效应系数是指每日分摊到每台槽上的阳极效应次数。

阳极效应的发生通常与电解质中缺少氧化铝有密切关系。对于电解槽,不易发生效应虽然能说明加料制度合理,电解质中氧化铝数量充分,能够节省电能,但并不完全说明电解槽生产正常。如果让电解槽时常出现效应,就能暴露出电解槽运行过程中的一些问题,并且还能改善电解槽的状况。

所以在铝电解生产过程中,是需要电解槽发生效应的,但是对阳极效应系数的确定应权衡利弊,加以适当控制,使之尽可能小。

6.10 电解槽正常生产的技术参数

电解槽的容量不同、槽型不同及厂家操作水平不同,所控制的技术参数也不尽相同。某厂预焙阳极电解槽技术参数如下:

(1) 槽工作电压为 4.19~4.21 V;

(2) 电解温度为 965~970℃;

(3) 极距为 4~5 cm;

(4) 物质的量比为 2.4~2.55;

(5) 氧化铝含量为 1.5%~2.5%(质量分数);

(6) 电解质水平为 21~24 cm;

(7) 铝液水平为 20~22 cm;

(8) 效应系数为 0.5 次/(槽 · d);

（9）阳极电流密度为 0.694 A/cm^2。

复习思考题

6-1　电解槽正常生产的特征有哪些？

6-2　槽工作电压包括哪几部分？

6-3　极距的概念是什么，极距对电解生产有什么影响？

6-4　什么叫电解质物质的量比，电解生产应保持多大的物质的量比，为什么？

6-5　电解质中有一层铝液有哪些好处？

6-6　什么叫阳极效应系数，阳极效应对电解生产有哪些好处和害处？

6-7　预焙槽的电解质中应保持怎样的氧化铝含量，为什么？

6-8　电解质水平的高低对生产有哪些影响？

6-9　铝电解生产工艺有哪些技术参数？

7 铝电解生产中的常规测量

在铝电解生产和日常管理中，为掌握电解槽的生产状态并及时地调整和改善技术参数，应进行常规测量。

7.1 铝水平和电解质水平高度的测量

铝水平与电解质水平是铝电解生产的技术参数之一，是实现铝电解槽平稳生产的基本保证，也是最易发生变化的技术参数之一。其测定既是决定出铝量的需要，又是掌握技术条件的需要，对于了解电解槽的运行状况，特别是热平衡状态至关重要，因此这项工作也是操作工人和管理人员需要天天进行的。

测量所用工具有铁钎子、角度尺、直尺、镦子、铝耙、天车、炭渣瓢、铁锹、扫把、记录本。

测量点选择：根据不同需要，有一点测定与多点测定之分。一点测定作为快速测定，主要用于每天（粗略地）了解技术条件变化情况。多点测定用于技术条件管理和决定出铝量（例如三点测定），或临时性地用于全面分析特定槽况或者作为技术资料用于科学研究（例如六点测定）。由于电解槽的槽底一般存在变形，加之槽内铝液与电解质的界面受磁场的影响也会弯曲，因此测点越多，越能反映铝液及电解质真实高度和槽底真实状况。对于300kA 以上的特大容量电解槽，由于槽底面积大，多点测定的测点数可增加，例如三点测定增至五点测定，六点测定增至十点测定。

测量方法为：电解槽内电解质和铝液因密度不同而自然分层，在电解温度下，铝液密度比电解质密度大 10%，所以电解槽内铝液在下层，电解质在上层。测量时利用电解质容易粘挂在铁钎子上的特点，将铁钎子插入电解槽内直到炉底，放置数秒钟后快速拔出，这样在电解质中那段铁钎子上粘挂的电解质厚，而在铝液中那段铁钎子粘挂的电解质薄，所以铁钎子拿出后有一明显分界线，这分界线就是槽内电解质与铝水的分界面。

测定作业准备工作有：

（1）确认测定的槽号。

（2）检查测定工具。

测量时的操作如下：

（1）选定测量位置。预焙槽一般测定四点，每个大面测两点。

（2）用镦子在测量点处的氧化铝面壳上打一直径为 10~15 cm 的洞。

（3）将铁钎子斜着插入槽底，将角度尺一边靠到铁钎子上，记准确角度尺指针所示的位置，如图 7-1(a)所示。

（4）将铁钎子在槽内停留 5~10 s 后快速取出。

（5）将铁钎子斜立在平整的盖板上，其倾斜度与原测量时的角度尺指针指示的位置相同。

（6）将直尺与盖板垂直立放在铝水与电解质分界线及液面总高处，以 cm 为单位读出测量铝水平高度及总高，如图 7-1(b)所示。做好记录，然后计算出电解质高度：

电解质高度 = 总高 - 铝水高度

测定完毕后的处理如下：

(1) 全部测定完毕后，把工具送回原处；将炭渣铲到炭渣箱；用结壳块将测定洞堵好（出铝口处的一点测定不用堵）；清扫槽沿板卫生；盖好炉盖，并把排风量转换阀门复位。

(2) 计算测定数据的平均值(或加权平均值)。

(3) 把测定记录提交相关人员，并按规程输入计算机系统。

有的工厂使用如图 7-1(c)所示的钎子测量，使用水平尺而不是角度尺。测量时用水平尺检查保证钎子水平部分保持水平，在斜杆上测得的长度乘以一个系数 K，$K = \sin\alpha$。在实际操作中，非正规要求时，测量铝水平、电解质水平不用尺和镦子，凭经验用钎子直接插入槽内，在盖板上估计槽内的铝水平及电解质水平。

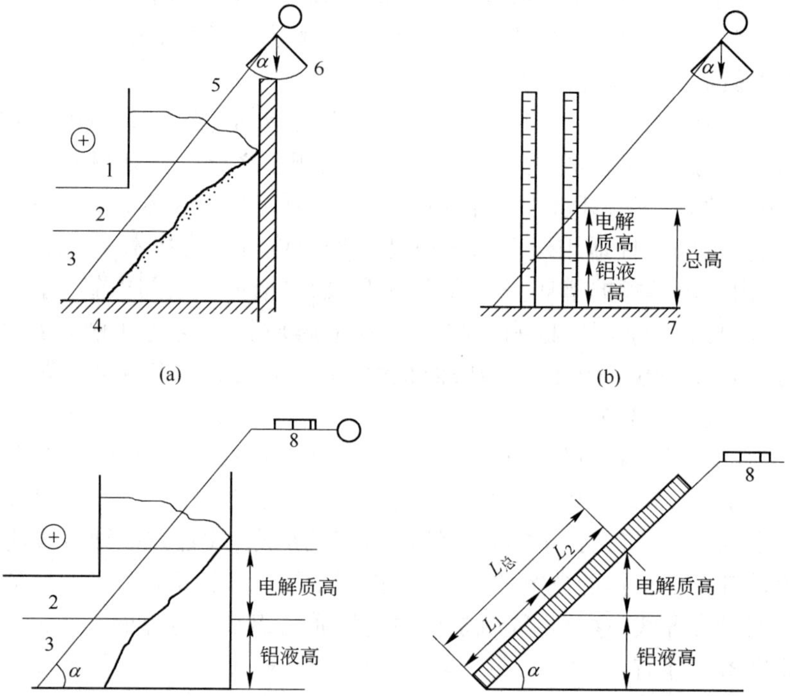

图 7-1　测量电解质水平和铝水平

1—阳极；2—电解质；3—铝液；4—槽底；5—钎子；6—角度尺；7—盖板；8—水平尺

7.2　阳极电流分布的测量

在预焙电解槽生产过程中，阳极电流分布的测量是最常进行的。电解槽焙烧时，每天必须进行全极电流分布测量，以检查阳极导电情况；生产槽新阳极换上达 16 h 必须测量电流承担量，检查阳极高度设置情况，以便进行调整，生产槽一旦出现槽况异常或阳极病变，首先进行检查的项目便是阳极电流分布。因此，阳极电流分布的测量工作天天有、班班有。

测量工具有电压表、阳极电流分布测量叉。

测量叉如图 7-2 所示，测量杆用螺丝固定在绝缘板中央，金属测量棒固定在绝缘板两端，形成一矩形叉，两根导线分别接在两测量棒上，穿过测量杆与电压表相接。

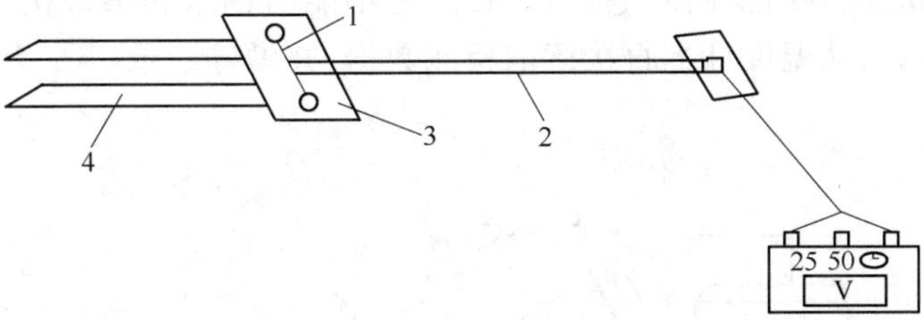

图 7-2　阳极电流分布测量叉

1—导线；2—测量杆；3—绝缘板；4—测量棒

测量原理为：对于测量等距离阳极导杆上的电压降。由于阳极铝导杆的横截面积相等，等距离上的电阻值也基本相等。当电流通过阳极导杆时，便产生电压降，通过测量等距离上的电压降大小，便反映出通过导杆的电流多少，不必进行数字转换。

测量方法为：如图 7-3 所示，将电压表放置在槽大面中央的风格板上，使测量棒的⊕朝上，⊕、⊖与铝导杆完全接触，读取两测量棒之间铝导杆上的电压降，测量的数值按极号记录清楚（以 0.1 mV 为单位读数）。

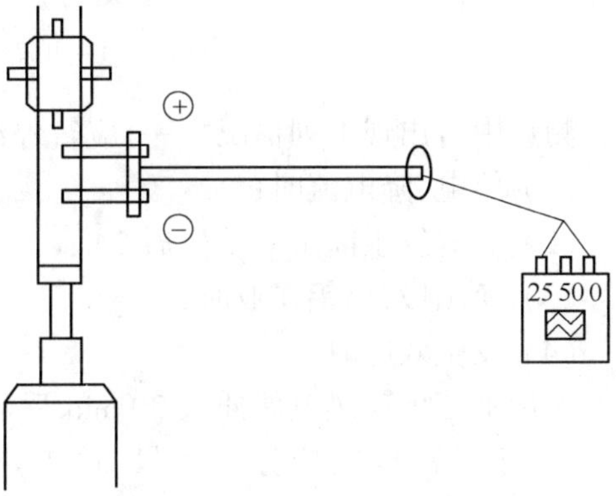

图 7-3　铝导杆上电压降测量装置

在以下情况时应停止测量：

（1）测量槽发生阳极效应时；

（2）对地电压异常时；

（2）降电压时；

（4）出铝、换阳极、抬母线等作业时。

测定完毕后的处理如下：

（1）把工具送回原定位置；把槽盖板安放在原处，把排风量转换阀门复位。

（2）处理测定数据，计算全槽全部阳极测定值的平均值，在平均值的两头取一区间，作为合格范围。测定值在 2.0 mV 以下的要查对换该极的时间。超出合格范围的应视情况进行调极。以某厂 160 kA 电解槽为例，每槽 24 块阳极，导杆截面积为 130 mm×130 mm，测量叉的两测量棒之间的距离为 40 cm，引出导线为 5 m，加上各接点的电压降，所测距离的电压平均约 7 mV，一般取 6~8 mV 为合格区间。对于新换阳极 16　h 电流分布在 4~6 mV 为宜。

（3）把测定记录提交相关人员，并按规程输入到计算机系统。

7.3　电解质温度的测量

测量电解质温度是为了了解电解槽是否运行在正常温度范围内。由于电解温度对电解槽的运行状态、电流效率等影响极大，电解生产人员必须随时掌握电解质温度的变化情况，因此测量次数频繁，尤其是对于预焙槽，是槽前重要测量工作之一。

测量工具有镍-铬-镍热电偶、保护钢管、补偿导线、便携式测量计。

测量点选择：对于一般性的技术了解和掌握，通常在出铝口测量，也可在两大面任何一处选点测量，由于预焙槽具有槽内温度分布均匀的优点，所以任选一点均可。

测量方法为：测量之前检查测量工具、仪表是否正常，确认槽号。打好测量洞之后，将保护管在30°~60°角的范围内斜插入电解质中，注意不能与铝水和阳极接触（见图7-4）。待表上所显数据稳定后，从温度计上直接读取所测数据，并做好记录。

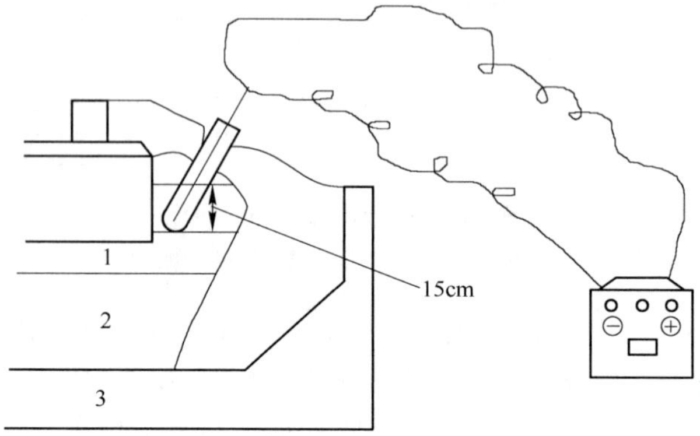

图7-4　电解质温度的测量

1—电解质；2—铝水；3—内衬

测量中若出现下列情况之一，应暂停测量：

（1）停电，降电流时；

（2）效应发生前1 h，发生后2 h；

（3）换阳极，出铝作业时；

（4）发生效应时。

测量中若出现热电偶插入20 min后温度在900℃以下，或2 min时温度上升到1000℃之上（对于正常槽），应停止测量，检查热电偶和温度计是否正常，检查无误后方可继续测量。

测定完毕后的处理如下：

（1）所有测定工作结束后，收拾工具，放到指定的地点。

（2）将测定值及被测槽号、时间、槽电压、效应后的时间等一并记录。

（3）把测定记录提交相关人员，并按规程输入到计算机系统。

7.4　炉底压降的测量

槽底压降为铝液至阴极钢棒棒头间的电压降，由于阴极棒头在地沟下，所以在实际测量中，为操作方便，一般测量铝水至阴极大母线的压降，然后再减去阴极棒头至阴极大母线间的压降，这部分压降根据实际而规定一固定值。

测量用的工具有1个带保护套管的测定棒、1个测定钎子、万用表、镦子等。

测量方法如下：

（1）用导线将带有保护套的测定棒、万用表、测定钎子连接起来。万用表使用直流毫伏档。

（2）在电解槽的大面打一直径为20 cm的测量洞，每台槽取四个不同部位测量。

（3）将带保护套管的铁钎子呈45°角插入电解槽内铝液中，不能与沉淀接触，不能让液体电解质流入保护套管内。将另一根测定钎子插到立柱母线下的远端阴极母线上(见图 7-5)。

(4) 在万用表读数稳定时,读数、记录,根据测得的四点的测量值计算槽底平均电压降。

(5) 堵好测量洞口,收拾好工具。

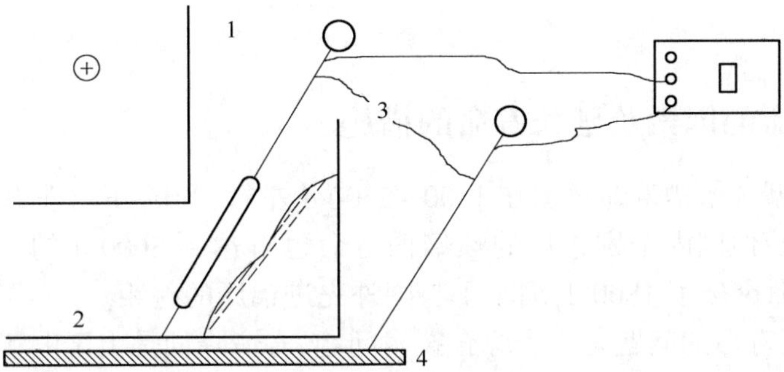

图 7-5 炉底压降的测量

1—保护管;2—铝液层;3—测定棒;4—远端母线

出现下列情况之一时,应暂停测量:

(1) 测量槽发生阳极效应时;

(2) 对地电压异常时;

(3) 降电流时。

测定完毕后的处理如下:

(1) 测定结束后将工具送回指定的位置;用结壳块将测定洞堵好;清扫槽沿板卫生;盖好槽盖板,操作排风量转换阀门复位。

(2) 处理测定数据。

(3) 把测定记录提交相关人员,并按规程输入到计算机系统。

复习思考题

7-1 铝电解生产中的常规测量有哪些?

7-2 铝水平和电解质水平的测量作业如何进行,有哪些注意事项?

7-3 阳极电流分布的测量作业如何进行,有哪些注意事项?

7-4 电解质温度的测量作业如何进行,有哪些注意事项?

7-5 炉底压降的测量作业如何进行,有哪些注意事项?

8 槽寿命与故障处理

8.1 影响槽寿命的因素及延长寿命的措施

目前,国内大型预焙槽寿命普遍在1500~2500 d左右,和国外先进铝厂相比约有300~500 d左右的差距。但国内个别铝厂的预焙槽寿命也有达到3000 d的。近年来,国内300 kA大型预焙槽寿命突破了1800 d,缩小了与国外先进铝厂的差距。

铝电解槽使用寿命的问题是一个综合技术问题,寿命降低是由于电解槽发生破损,它与电解槽设计、筑炉材料质量、筑炉工艺、焙烧启动、电解槽运行的工艺技术参数、电解槽运行的平稳性等相关。

8.1.1 铝电解槽的破损原因

8.1.1.1 槽底破损

几种常见的阴极槽底破损原因如表8-1所示。

表8-1 几种常见的阴极槽底破损原因

序号	破损	原因
1	槽底隆起	温度变化产生的应力及吸钠膨胀,凝固作用产生的压力
2	阴极炭块裂缝	槽底隆起
3	捣固糊料裂缝	生糊收缩
4	槽底冲蚀坑	局部电流集中通过
5	槽底腐蚀	生成碳化铝
6	槽底分层	阴极膨胀

下面具体说明表8-1所列破损及其他种类的槽底破损:

(1) 阴极炭块剥落。阴极炭块剥落是由于炭块内部的钠渗透产生应力造成的,并因低温运行而产生故障(随着温度增加故障减轻)。剥落是煅烧和焙烧不足的征兆。然而剥落通常仅仅导致炭块表层20~40 mm的损伤,因此它不可能是破损的直接原因,但是炭块表面的凹凸不平和由凹凸不平引起的损伤可导致冲蚀坑的形成,随后冲蚀坑可引起漏铝和最终停槽。

(2) 表面过度腐蚀。正常的阴极表面腐蚀小于1~2 cm/a,其中一部分与铝液流动速度和槽内铝量有关。

(3) 冲蚀坑。维护管理粗糙、插入工具(测水平及其他操作)和出铝均可导致炭块表面过度损耗。阴极表面上的充满铝水的坑穴或洞穴更有利于电流通过,则此种洞穴的深度可加速增长。

(4) 缝糊的收缩(槽底裂缝)。槽底裂缝是一个严重的问题,并成为许多电解槽破损的原因,在焙烧启动和运行的各个阶段,不同的力同时或连续地作用于底部炭块,由压力作用而产生裂纹。

(5) 材质设计。使用优质耐蚀阴极材料(如半石墨阴极炭块、硼化钛涂层、SiC 质侧部炭块等),可有效地提高电解槽炭阴极使用寿命。

8.1.1.2 侧壁破损

检查破损区域证明,侧壁炭素材料被局部腐蚀,致使槽壳直接与熔融电解质或铝液接触。表 8-2 示出了几种侧壁破损及其原因。

表 8-2 侧壁破损及其原因

序 号	破 损	原 因
1	侧壁腐蚀	形成碳化物
2	侧壁氧化	阴极棒窗孔密封不好,侧壁内衬顶部覆盖不严
3	侧壁与槽壳脱离	最初由于侧部内衬氧化生成间隙

引起侧部炭素材料消耗的几种机理,可最终导致严重漏槽:

(1) 上部空气氧化;

(2) 下部空气氧化;

(3) 碳化钠的生成和溶解引起的化学腐蚀;

(4) 钠膨胀和分层引起的侧壁破损。

8.1.1.3 破损槽维护方案

随着槽龄的增加,一些电解槽会发生槽壳变形,这一方面是由于阴极炭块受热膨胀,另一方面也是缘于阴极破损。特别是槽壳变形大的电解槽,主要是缘于阴极破损。为了防止由此发生的漏槽事故,需要对破损槽进行维护。

(1) 当电解槽排除钢爪熔化因素后,铁含量大于 0.2%(质量分数)时:

1) 所在工段必须每天至少取一次铝样交检验科分析,保证对铝液中铁含量的跟踪,并及时将信息反馈给车间。

2) 所在工段必须加强对电解槽的巡视检查,精心维护,发现异常情况立即上报车间。

3) 检测组每天对电解槽的阴极方钢头和槽壳的温度进行测量,并将测量结果反馈给车间,由车间会同工段进行分析。

(2) 当铁含量大于 0.4%(质量分数)而无电解质化爪的影响时,立即进行下面的操作:

1) 由车间安排值班长每天对槽壳、方钢温度进行测量,对温度异常的部位,值班长报调度员,由调度员组织人员对电解槽周围的阴极母线、立柱母线等采取保护措施,并调开异常部位极,检查炉底破损情况,如有破损,用镁砂、镁砖修补好。

2) 由工段安排,将此台电解槽的换极工作调至早班进行,车间、工段利用换极时间对阴极炭块进行检查,并针对某些可能出现的异常部位,调开极对阴极炭块进行检查,直到发现破损部位,用镁砂、镁砖修补好。

3) 工段把破损槽槽温降至 960℃左右,调整好 NB 使电解槽不要在正常加工状态下发生效应。

8.1.2 延长电解槽寿命的措施

延长电解槽寿命的措施有：

（1）优化电解槽设计，采用新技术、新材料（如氮化硅结合碳化硅侧块、防渗料、石墨化阴极等），这是电解槽高槽寿命的基础。

（2）提高筑炉材料质量，严把筑炉工艺质量关，特别是冷捣糊的扎固工艺质量是获得较高槽寿命的基础条件。

（3）提高生产过程的控制质量，采用焦粒焙烧启动方法，保持适宜的工艺技术条件，防止低铝水平、高槽温、高效应系数操作，提高电解槽控制水平，确保电解槽长期稳定运行，这些也是获得高槽寿命的关键。

1）焙烧：焙烧对电解槽的影响因素较多，除了焙烧方法以外，主要就是升温速度，应严格内衬温度梯度和温度区域分布均匀性管理。

2）启动期管理：大型预焙槽不宜采用干法效应启动（会在槽内衬中产生大量的热量，使内衬在短时间内产生突变，导致内衬应力集中），湿法效应和湿法无效应启动比较适合大型预焙槽。

3）保持合理铝水平，降低炉底温度，减少铝液流速。

4）平稳的供电制度：平稳的供电是电解生产所必需的，电流忽高忽低会直接或间接地导致电解槽破损，各种热差冲击易使炭块裂纹、方钢变形，最终造成破损。

5）平稳的电解温度：电解温度高低既影响电流效率，又作用于内衬结构。高温下不但难形成炉帮，而且捣固糊固化收缩变化大，为电解质和铝的浸入创造了条件。在低温下，一方面加强了钠的吸收，另一方面也通过影响炉膛等间接起作用。所以，电解温度在生产过程中是十分关键的因素，必须平稳地保持适当的电解温度。

6）加工制度与规整炉膛：加工制度的合理化，表现在效应系数和炉膛规整程度上，而两者相互作用，好则对内衬有保护作用从而延长槽寿命，不好则会加速破损。生产中炉膛不规整的情况时有发生，严重时伸腿长到阳极投影区下面，甚至槽底中部也长出结壳，严重的炉底压降高达 1.3 V。高温下清理影响大，用工具撬会伤及内衬，这些都会加速槽破损。

7）病槽的发生：病槽的反复出现同样会影响槽寿命。实践证明，病槽引起的破损率是较高的。在电解温度下异常槽易生成碳化铝，特别是在电解槽沉淀中，在热槽、压槽、滚铝槽、含炭槽中大量生成碳化铝，这些都会加重对内衬的侵蚀。

8）物质的量比的控制也不可忽视，低物质的量比电解质可减轻钠对电解槽的侵蚀。

8.2 故障处理

在铝电解生产中，在槽的运行过程中由于各种因素的影响、操作不当等往往会发生故障。根据习惯通常将故障性质和特征及对生产的影响分为阳极故障、病槽、生产事故。故障出现后必须根据具体情况，找出发病原因，正确处理，使电解槽尽快恢复正常运行。

（1）阳极故障：预焙槽的阳极故障有阳极脱落，阳极长包等。这些故障不但会使电解槽容易变成病槽，而且还多消耗电能和原材料，使电流效率降低，电耗升高。

（2）病槽：在铝电解生产中，槽的运行过程必须是在电解槽的热平衡和物料平衡这两大条件得到保证后才能正常进行，如果各种因素的影响使这两个平衡被破坏，则电解槽的正常生产的技术参数就会发生异常，出现病槽。病槽出现会导致物料、电能等消耗增加，电解槽寿命降低，严重时还会使电解槽停止工作，并且使环境恶化，操作者劳动强度大大增加。所以，对电解槽要精心操作，保持槽的两个平衡，尽量避免病槽。

(3) 生产事故：在铝电解生产过程中，由于管理和操作不当所造成不应有的生产重大损失，被称为生产技术事故。另外，设备失灵也会造成重大损失，工业上把这种损失称为设备事故。

8.2.1 阳极故障

8.2.1.1 阳极多组脱落

A 阳极多组脱落的原因

阳极多组脱落的原因主要是阳极电流分布不均匀，严重偏流。强大的电流集中在某一部分阳极上，短时间内使炭块与钢爪连接处浇注的磷生铁或铝导杆与钢爪间的铝-钢爆炸焊熔化，阳极与钢爪或铝导杆分开，掉入槽内，电流分布会更加不均匀，之后电流又集中涌向别的阳极，恶性传递。造成阳极偏流的原因有：

(1) 液体电解质太低(15 cm 以下)，浸没阳极太浅，阳极底掌稍有不平，就会使阳极电流分布不均匀，出现局部集中，出现偏流。

(2) 炉底沉淀较多，厚薄不一，使阴极电流集中，从而引起阳极电流集中，形成偏流。

(3) 抬母线时阳极卡具位置紧固得不一致，或有阳极下滑，未及时调整，造成阳极块底掌不平，极距小的某块或某些阳极块通过的电流就会多，造成电流不均，形成偏流。

B 阳极多组脱落的处理

阳极多组脱落的处理如下：

(1) 首先测阳极电流分布，调整未脱落阳极，使其导电量均匀，不再脱落。

(2) 组织人力尽快捞出脱落的阳极块，每捞出一块换装上一块残极，决不能使用新阳极，最好是从其他生产正常的电解槽上取出工作状态良好的热阳极换上。

(3) 如果阳极脱落是由于卡具未紧而使铝导杆下滑，则将阳极提起至原来的高度后再卡紧。

(4) 为了防止阳极底掌上粘上沉淀而影响阳极工作，要用大耙刮净阳极底掌。

8.2.1.2 阳极长包

阳极长包即为阳极底掌消耗不良，以包状突出的现象。由于阳极底面某部位黏结着导电不良的电解质沉淀，该处电流通过少，阳极消耗就缓慢，结果这个部位就以锥体形态突出，形成阳极“长包”。一旦阳极包浸入铝液中，电流就会经过该部分形成短路，消耗会越少，阳极长包就越来越长，产生严重的电流空耗，使电解槽的电流效率大幅度降低。阳极长包多出现在阳极底掌的四周、中部或底掌的某一部位上。

处理阳极长包主要以打包为主。将长包阳极提出来，用铁錾子或钢钎把突出的部分尽可能打下来，再放回槽内继续使用。实在打不下来的再进行更换，尽量使用厚残极。

8.2.2 病槽

8.2.2.1 冷槽

冷槽是指电解槽的温度低于正常电解温度。在冷槽条件下，电解槽不能正常运行。

A　冷槽发生的原因

冷槽发生的原因有：

（1）系列电解槽普遍出现冷槽时，与系列电流过小有关。因电解槽是在额定电流强度下建立起的技术参数和热平衡制度，当系列供给电流由于压负荷或效应频繁而重叠所引起的供给电流大幅度降低或临时停电时间较长、次数较多时，电解槽热量收入势必减少，从而导致系列普遍出现冷槽现象。

（2）单槽出现冷槽时，是该槽的技术参数和操作与正常的电流制度不相适应，是多因素造成的结果。如：

1）电解槽内铝量过大会导致热量损失过多；

2）极距较低能使热收入减少；

3）加工时炉面敞开时间过长；

4）加料量过多，过多的冷料使电解质温度急剧下降。

B　冷槽初期的特征及处理

冷槽初期的外观特征如下：

（1）电解质水平明显下降，黏度增大，流动性变差，颜色发红，阳极气体排出受阻，电解质沸腾困难，火苗呈淡蓝紫色，软弱无力。

（2）阳极效应提前发生，次数频繁，效应电压高达 60~80 V，指示灯明亮。

（3）槽底上有大量的沉淀，伸腿大而发滑，炉帮增厚，有炉膛不规整现象出现，由于炉膛缩小，铝液水平上升，极距缩小，槽电压有自动下降现象。

（4）下料有时出现打不开面壳的现象。

（5）打开面壳后，液体电解质表面浮不出炭渣，只能与电解质表面结成黑色半凝固层，结壳厚而坚硬。

（6）换阳极时捞结壳块困难，液体电解质表面出现快速凝固现象。

冷槽初期的处理办法有：

（1）适当提高槽工作电压，增加电解槽热收入。

（2）加强阳极保温，减少电解槽的热支出。

C　冷槽中期的特征及处理

冷槽中期的外观特征如下：

（1）电解槽的炉膛不规整，局部肥大，部分地方的伸腿向炉底长出。

（2）由于长炉帮时析出较酸性的电解质，因而液体电解质物质的量比降低，电解质水平较低，铝水平持续上涨。

（3）炉底沉淀增多，阳极效应频频发生，时常出现闪烁效应和效应熄灭不良。

（4）由于炉底沉淀多，阳极电流分布不均，导致磁场受影响，铝液波动大，引起电解槽电压波动，甚至出现阳极脱落现象。

冷槽中期的处理办法有：

（1）增加电解槽的热收入，提高槽电压及加厚保温料以提高电解质温度和电解质水平。

（2）适当延长加料间隔和提高效应系数，来消除炉底沉淀和规整炉膛。

（3）调整出铝制度。采用“少量多次”的出铝制度，既有效地消除炉底沉淀，又保证电解槽状态平稳。

(4) 利用换阳极打开炉面之机,用大钩钩拉炉底沉淀,一方面使炉底沉淀疏松,容易熔化,另一方面改善沉淀区域的导电性能,使阴极导电均匀。

(5) 利用发生效应、换阳极时多捞炭渣,使电解质变得洁净,改善其物理性质。

D 冷槽后期的特征及处理

冷槽后期的外观特征如下:

(1) 炉底有厚厚的沉淀或坚硬的结壳。

(2) 炉膛极不规整,部分地方伸腿与炉底结成一体。预焙槽中间的下料区出现表面结壳并与炉底沉淀连成一体,形成中间"隔墙"。

(3) 阴、阳极电流分布紊乱,电压摆动大,有时出现滚铝。

(4) 电解质水平很低,阳极效应频频发生,效应电压很高,并伴有滚铝现象。

(5) 电解槽需要很高电压才能维持阳极工作。

(6) 冷槽到最严重时,电解质会全部凝结而沉于炉底,铝液漂浮在表面,槽电压自动下降到 2 V 左右;预焙槽一抬阳极便出现多组脱落,从而导致被迫停槽。

冷槽后期的处理,也是将炉底结壳熔化,只不过由于炉底结壳消耗很慢,阴、阳电极电流分布很难调整均匀,处理时间会更长。其处理方法与冷槽中期的处理一样,但要特别谨慎,掌握适度,细心准确。

8.2.2.2 热槽

热槽是指电解槽的温度高于正常电解温度。

A 热槽发生的原因

热槽发生的原因有:

(1) 冷槽得不到及时处理,有可能转化为热槽。

(2) 极距过高或过低都能引起热槽。

(3) 槽内铝量少,水平低。

(4) 电解质水平过低。

(5) 电流分布不均。

(6) 电解质含炭或生成碳化铝。

(7) 阳极效应时间过长,或对效应处理不当,长时间不能熄灭也能引起热槽。

(8) 电流强度与电解槽结构和技术参数不相适应也会引起热槽。尤其是在不适当提高系列电流强度的情况下极易发生。

B 热槽初期的特征及处理

热槽初期的外观特征如下:

(1) 电解质温度升高,电解质水平上涨,电解质颜色发亮,流动性极好,阳极周围出现汹涌澎湃的沸腾现象。

(2) 炭渣与电解质分离不好,在相对静止的电解质表面有细粉状炭渣飘浮,用漏勺捞时炭渣不上勺。

(3) 表面上电解质结壳变薄;预焙槽中间下料口结不上壳,多处穿孔冒火,且火苗黄而无力。

(4) 炉膛变大,铝水平呈下降趋势,炉底温度升高。

（5）阳极效应滞后，效应电压较低。

热槽初期的处理办法有：

（1）将槽工作电压适当降低，减少其热收入。

（2）适当少出铝，提高铝水平，增加炉底散热，使炉膛不遭破坏。

（3）对于由冷槽导致的热槽的处理则是适当的分批取出铝液，以提高极距，减少二次反应热。

C　热槽中期的特征及处理

热槽中期的特征如下：

（1）炉膛遭到破坏，部分被熔化。

（2）电解质温度高，预焙槽中间无法结壳，边部结壳也部分消失，无火苗上窜，出现局部冒烟现象。

（3）炭渣与电解质分离不清，严重影响了电解质的物化性质，电流效率很低。

（4）电解质黏度减小，使炉底发生氧化铝沉淀，这层沉淀电阻较大，电流流经它时产生高温而使炉底温度很高。

（5）分离不出去的炭渣与电解质、氧化铝悬浮物形成海绵状炭渣块黏附在阳极底掌上，电流通过这层渣块直接导入炉底，使阳极大面积长包；同时，这层渣块电阻很大，电流通过时产生大量电阻热使槽温度变得很高。

热槽中期的处理办法有：

（1）通过测量阳极电流分布，找出有病变的阳极，提出来并清除底部渣块，打掉突出的包状，个别严重的可用厚残极更换。

（2）在阳极病变处理后，再通过测量阳极电流分布调整好阳极位置，使之导电均匀。

（3）降低槽温。主要采用清洁电解质、减少电解质电阻的方法降低槽温。

（4）加强电解槽上部的散热。

（5）从液体电解质露出的地方慢慢加入氟化铝和冰晶石粉的混合料。

（6）减少出铝量，增大炉底散热。

D　热槽后期的特征及处理

热槽后期的特征如下：

（1）电解质温度很高，整个槽无槽帮和表面结壳，白烟升腾，红光耀眼。

（2）电解质黏度很大，流动性很差。

（3）阳极基本处于停止工作的状态，电解质不沸腾，只出现微微扰动。

（4）电解质含炭严重，从槽内取出电解质冷却后砸碎，断面明显可见电解质包裹的炭粒。

（5）由于电解质黏度大，氧化铝不能被溶解，在电解质中形成由电解质包裹的颗粒悬浮物，其后沉入炉底，使炉底沉淀迅速增多，电解质水平迅速下降。

（6）炉底温度很高，铝液与电解质相互混合，用铁钎插入后取出，分不清铝液和电解质的界线，犹如一锅稀粥。

（7）电解质对阳极润湿性很差，槽电压自动上升，甚至出现效应。

热槽后期的处理办法有：严重热槽的特点是电解质严重含炭，阳极不工作，所以在处理过程中，首先应使炭渣与电解质分离，改善电解质性质，再就是让阳极工作起来。处理方法与中期热槽基本相同，但处理起来更为困难，见效很慢。为加快处理效果，可从正常槽中抽取新鲜电解质灌入,这样能有效地降低槽温,使炭渣很快分离出来,改善电解质性质,使阳极恢复工作。

8.2.2.3 压槽

压槽有两种情况:一种是极距过低;另一种是阳极压在沉淀或结壳上。

A 压槽产生的原因

压槽产生的原因一方面是铝液水平低和电压低,但更主要的一方面是取决于电解槽的炉膛内型、沉淀和结壳的情况。

B 压槽的外观特征

(1) 火苗黄而软弱无力,时冒时回。电压摆动,有时会自动上升。

(2) 阳极周围的电解质有局部沸腾微弱或不沸腾现象。

(3) 阳极与沉淀接触处的电解质温度很高而且发黏,炭渣分离不清,向外冒白条状物。

C 压槽的处理

压槽的处理办法有:

(1) 如果是铝液水平低和电压低引起压槽,则只能抬高阳极,使电解质均匀沸腾。如果槽温过高,就按一般热槽加以处理。

(2) 如果是阳极与沉淀或结壳接触而产生的压槽,处理时首先必须抬起阳极,使之脱离接触,并清理好该处阳极底掌。电解质低要灌电解质,必要时还要灌液体铝,淹没沉淀和结壳。在电压稳定的前提下处理沉淀,规整炉膛,然后按一般热槽加以处理。

(3) 出铝时若发生压槽,就要立即停止出铝,抬起阳极。

8.2.2.4 电解质含炭及其处理

在电解槽正常生产过程中,从阳极脱落下来的炭粒漂浮在电解质表面上,由于某些原因电解质的润湿性发生改变,炭粒被包含在电解质里而不漂起,这就导致了电解质含炭。电解质含炭是热槽发生时的并发症。

A 电解质含炭的原因

电解质含炭的原因主要是极距过低、温度过高、电解质脏等。尤其在压槽时最易引起电解质含炭。单纯的电解温度高是不容易含炭的。

B 电解质含炭的特征

电解质含炭的特征如下:

(1) 电解质温度很高,发黏,流动性极差,表面无炭渣飘浮。

(2) 火苗黄而无力,火眼无炭渣喷出,有时“冒烟”。

(3) 在电解质含炭处不沸腾或发生微弱的扰动。

(4) 提高电压时,有往外喷出白条状物现象。

(5) 槽电压自动升高;发生效应时,灯泡黯淡不易熄灭。

(6) 从槽中取出的电解质试样断面可看到均匀分布的炭粒。

C 电解质含炭的处理方法

电解质含炭的处理方法有:

(1) 将阳极抬起,不要怕电压过高,直至含炭处的电解质能够沸腾为止。电解质水平低时要事先灌入液体电解质。

（2）局部含炭时，不要轻易搅动电解质，控制范围以免蔓延。为了改善电解质性能，可向电解质含炭处添加冰晶石或氟化铝。

（3）为了加速消除电解质含炭现象，可将含炭严重的电解质取出来，换上新鲜的低温电解质。

（4）为了降低电解质温度，可向槽内添加固体铝。添加时要直接加到槽底和伸腿上，间接冷却电解质。

（5）当炭渣从电解质中分离出来时，必须及时将炭渣取出，避免其重新进入电解质。

8.2.2.5　滚铝

在铝电解生产时，有时铝液以一股液流从槽底泛上来，然后沿四周槽壁或一定方向沉下去，形成巨大的漩涡，严重时铝液上下翻腾，产生强烈冲击，甚至铝液连同电解质一起翻到槽外，电解槽的这种现象被称为"滚铝"。

A　滚铝发生的原因

热槽、冷槽和压槽都可能引起滚铝，但滚铝的根本原因并不在于电解槽冷热，而是由于电解槽理想电流分布状态遭到破坏，形成不平衡的电磁场，产生不平衡的磁场力作用于导电铝液上，这些不平衡的磁场力推动铝液旋转、翻滚，从而出现滚铝。发生滚铝的电解槽有以下特点：

（1）炉膛畸形，炉底沉淀多而分布不均匀，使铝液运动局部受阻，形成强烈偏流，纵向水平电流增多。

（2）槽内铝液浅（特别是在出铝后更易产生滚铝），铝液纵向水平电流密度增大。

（3）阳极、阴极电流分布极不均匀，尤其是阳极电流分布变化无常，阳极停止工作。

B　滚铝槽的处理

热槽导致的滚铝槽处理方法如下：

（1）沿电解槽四周扎边部，强行规整炉膛，其作用是消除铝液正常循环的障碍。同时扎边部缩小了铝液镜面，提高了铝液高度，降低了水平电流密度，从而制止滚铝。

（2）若槽内铝液很少时必须适当灌注铝液，增大槽内产铝量，增加铝液的质量，降低其运动速度，使铝液平静下来；同时灌铝也增加了铝液层厚度，减少了水平电流密度。

冷槽导致的滚铝槽处理方法如下：

（1）勤调整阳极电流分布，迫使阴、阳极电流分布均匀而恢复磁场平衡，从而制止滚铝。

（2）适当提高槽电压，利用电解质较大的电阻来迫使电流分布均匀。

（3）采用扒炉底沉淀的方法，改善阴极导电，并配合调整阳极电流分布，使之均匀。

8.3　电解生产的事故

8.3.1　生产技术事故

8.3.1.1　难灭效应

A　难灭效应发生的原因

电解槽在正常生产情况下，引起难灭效应的原因有两种：一是电解质含炭；二是电解质中含有悬浮的氧化铝。无论哪种原因,其实质均是电解质不洁净、温度高、使电解质对阳极的润湿性恶化所致。

B 难灭效应的处理

难灭效应的处理方法有:

(1) 如果是电解质含炭而发生难灭效应时,处理时要向槽内添加大量铝锭和冰晶石,冷却电解质。当炭渣分离后,立即熄灭效应。

(2) 如果在出铝后发生难灭效应,处理时必须抬起阳极,向槽内灌入液体铝或往沉淀少的地方加铝锭,将炉底沉淀和结壳盖住,然后再加入电解质或冰晶石,以便熔化电解质中过饱和氧化铝和降低温度,待电压稳定、温度适宜时再熄灭效应。

(3) 如果是因压槽导致滚铝而发生难灭效应,处理时必须首先将阳极抬高离开沉淀。在滚铝时不要向槽内添加冰晶石,当电压稳定后,可熔化一些冰晶石来降低电解质温度和提高电解质水平。

(4) 如果因炉膛不规整引起滚铝而造成难灭效应时,处理时首先要抬起阳极,然后将没有炉帮和伸腿过小的地方用大块电解质补扎好。通过这种方法来调整电流分布和提高铝液水平,当电压稳定后再熄灭效应。

(5) 如果因电解质水平过低,使槽内沉淀多,认为造成难灭效应时,处理时必须先提高电解质水平,方法是等效应持续一定时间,提供多余热量来熔化结壳的电解质,或加入热电解质来升高电解质水平,然后再熄灭效应。

(6) 当在电解槽的某一部位熄灭效应无效时,如果炉膛比较规整,应该重新选择效应熄灭的部位。新位置一般选在两大面低阳极处,砸开面壳,将木棒紧贴阳极底掌插入,不要插到槽底,以免再搅起沉淀。对于严重者可多选一处,同时熄灭。

(7) 当采取上述方法熄灭效应都不见效时,如果炉膛比较规整,可用两极短路方法熄灭效应,但要注意不能使阳极压在结壳或沉淀上,否则不但起不到熄灭效应的作用,反而会产生更严重的后果。

8.3.1.2 漏槽

A 漏槽产生的原因

漏槽有两种情况,一种是电解槽的槽底或侧部炭块破坏严重,阴极钢棒熔化,铝液和电解质从钢棒处流出,称为炉底漏炉。这种情况有时在电解槽焙烧后,槽底炭块有裂缝的情况下也易发生。另一种情况是槽内衬完好,由于操作管理不当,槽温高或效应持续时间长,熔化了边部槽帮,从而使电解质和铝液从侧壁炭块顶部缝或局部缝隙间漏出槽外,称为侧部漏炉。

B 漏槽的处理

当漏炉事故发生时,首先揭开漏炉侧的地沟盖板,根据流出来的是电解质还是铝液,迅速判断是侧部还是炉底漏炉。如是炉底破损漏炉,首先应马上通知系列停电,进行切断该槽电流的工作,在未停电之前,指定人员下降电极,电压不应超过 5 V,集中力量保护阴极母线不被破坏。如果确认为侧部漏炉,就要集中力量从槽内外两侧堵塞漏洞。首先迅速打开漏出侧的面壳,用面壳块、氟化钙、氧化铝、电解质块等物料掺和到一起沿电解槽周边捣固扎实,利用固体物料筑起槽帮,直至堵住为止。同时根据电解质流失情况适当下降阳极,以保持两极不断路为准。侧部漏炉时一般不允许系列停电，除非漏量大、阳极无法下降的情况才允许停电。

8.3.2　设备事故

采用计算机自动控制的电解槽，常因电气元件质量问题或安装问题，出现电路串线或继电器接点黏结，引起控制失灵或误动作，出现恶性事故。最有危险性的是阳极自动无限量上升或下降，如果出现阳极自动无限量下降时，就会将电解质、铝液压出槽外，甚至顶坏上部阳极提升机构，使整台槽遭到毁灭性的破坏。如果阳极自动无限量上升，会使阳极与电解质脱开发生短路，出现严重击穿短路口和严重爆炸事故。

当发现阳极自动无限量上升或下降时，应立即断开槽控箱的动力总电源，切断控制，通知检修部门立即抢修，消除设备故障，迅速恢复生产。如果阳极上升到使短路口严重打弧光，人已无法进到槽前时，应立即通知紧急停槽，以防止严重爆炸事故，引起重大损失。

复习思考题

8-1　铝电解槽的破损原因故障有哪些，破损槽如何维护？

8-2　病槽有哪些类型及特征，病槽出现如何处理？

8-3　预焙槽的阳极故障有哪些，如何处理？

9 氧化铝输送和烟气净化

9.1 氧化铝输送

9.1.1 氧化铝输送基础知识

9.1.1.1 输送方式分类

氧化铝各种输送方式归纳起来可分为两类：一是机械传送，将氧化铝装入运输机械中如斗式提升机、皮带运输机上料小车等，通过机械在供料点和卸料点间往返运输来实现供料；二是气力输送，将氧化铝与气体混合后，通过流态化输送技术，利用供料点和卸料点之间的压力差，使流态化物料通过管道（或溜槽等）定向输送，使用的设备有空气提升机等。

9.1.1.2 气力输送技术

目前，气力输送由于具备运行可靠、运行费用低，易于实现自动化，能耗低，密闭性好、无泄漏等优点，已广泛地运用到铝电解生产中。气力输送包括稀相输送、浓相输送、斜槽输送及超浓相输送等技术。氧化铝气力输送方式一般分为管道式和风动溜槽式，其中管道式输送可分为稀相输送和浓相输送方式，风动溜槽式输送可分为风动斜槽输送和超浓相输送方式。各种氧化铝输送方式的主要区分是输送原理、固气比值（氧化铝与输送气量的比值）和输送设备。

A　稀相输送

稀相输送技术属气力输送中的动压输送技术，在输送过程中压缩空气的动能传递给被输送的物料，使物料以悬浮或集团悬浮的状态向前流动。由于是靠动能转换传递能量和悬浮态输送，要求风速较高，在能量传递过程中也会因此损失部分能量，加上悬浮颗粒及颗粒与管壁间的摩擦损失，因此能耗高，固气比低，管路磨损快，氧化铝破损严重。因此稀相输送已逐渐被浓相输送和超浓相输送所代替。

B　浓相输送

浓相输送技术属气力输送中的静压输送技术，浓相输送在输送过程中不同于稀相输送。它是直接利用压缩空气的静压能来推动物料的，且物料是以非悬浮栓状流动，因此要求的风速低，不存在能量传递和颗粒间的摩擦损失，从而能耗、管壁磨损和氧化铝破损均比稀相输送低。另外，浓相输送还具有配置灵活、占地面积小和自动化程度高等优点。但该项技术一次性投资高，维修量大。

浓相输送方式是采用特制的浓相管和专用压力容器结合来完成氧化铝的输送，即靠静压力作用以料栓状流动的管道式输送，其固气比一般大于 30 :1，氧化铝在浓相管中被压缩空气分割为一节一节的料栓，以料栓形式向前输送到指定的仓或料箱内。

C　斜槽输送

斜槽输送技术属气力输送中的流态化输送技术，在斜槽输送过程中，首先让低压风通过分配板使槽内物料流态化，使其具有流体的性质，如果流态化以后的物料所受到的下滑分力大于或等于物料流动摩擦力，则物料开始向前流动。在斜槽输送中低压风只起到使物料流态化的作用，而不负责推动物料流动，因此需要的风压、风速都很低。另外，物料间及物料与槽壁间不发生强烈的摩擦，所以斜槽输送在能耗、颗粒破损、对槽壁的磨损上都比稀相和浓相低，但是占地面积大。

D　超浓相输送

超浓相输送技术是继皮带输送、稀相输送、浓相输送、斜槽输送技术之后发展的一种先进、高效、节能、环保的粉状物料相输送技术，是20世纪90年代初国际上开发成功的一种新的输送技术，它完全克服了斜槽输送技术在排风布置上的缺点，非常适用于铝电解生产的供料特点，目前已广泛应用于改建和新建铝厂。

超浓相输送是利用物料在流态化后转变成一种固-气两相流体，再根据流体动压能和静压能转化原理，使物料在输送槽内进行输送，从而达到向电解车间输送物料的目的。因此超浓相设备的输送物料过程需要经过两个阶段来完成：一是使物体流态化；二是物体流态化以后必须具有一定的压力差，才能使物体流态化后向前推进。

在超浓相输送过程中，首先低压风通过分配板使槽内物料流态化，使其具有流体的性质，同时沿输送方向建立起料柱差，当料柱差产生的动力足以克服流体流动的摩擦阻力时，流态化的物料就向前流动，完成输送任务。在超浓相输送中低压风除完成物料流态化外，还促使物料建立起不同高度的料柱，但低压风并不负责直接推动物料流动的工作，而是利用沿程阻力损失所产生的压力梯度完成输送工作，不额外增加能量。因此除具有斜槽输送的优点外，超浓相输送还克服了斜槽输送的倾斜布置所带来的占地面积大的缺点。

超浓相输送方式是氧化铝在风动溜槽料室中被具有一定压力的空气作用呈沸腾流态化状态，使氧化铝颗粒间蓄有一定能量，并依靠不同的料柱压差来维持氧化铝的静态平衡，随着排料点氧化铝的排料而使蓄有能量的氧化铝的依次蓄能释放来实现氧化铝向前输送，因此这是一种固气比一般大于100∶1的物料输送方式。

氧化铝超浓相输送系统主要有以下优点：

(1) 设备简单可靠，寿命可达20年以上。

(2) 氧化铝流速低，仅为0.1~0.3 m/s，无氧化铝破损。

(3) 无活动机械部件，维修费用低。

(4) 占地小，投资小，耗能低。

(5) 低压风源、普通风机即可满足要求。

(6) 自动化程度高。

超浓相输送设备系统易出现的主要故障为：

(1) 载氟氧化铝内有杂物。载氟氧化铝内杂质较多，如沙子、载氟物结白垢等。在沸腾板上集结过多，得不到及时清理而形成阻力层使物料不沸腾，无法形成流态化，造成供料中断。

(2) 气室进料。因透气板老化、溜槽法兰接头或沸腾板处理不妥造成气室进料，在某一段造成供风中断使物料不形成流态化，造成供料困难。

(3) 减压阀故障。气源中断造成物料不沸腾，无法形成流态化，因其不能直观判断往往造成停料时间过长，影响供料。

（4）末端槽料位不能正确判断。末端槽料位显示光电开关，因长时间运行表面堆积氧化铝，造成料位不能正确显示，影响供料时间，要进行定期清理确保正确指示。

（5）运行中局部磨损出现泄漏。超浓相输送是利用风压来促使物料输送的，溜槽局部经常出现磨损、钢板磨穿、氧化铝抛撒，污染了环境，也造成极大浪费，利用点焊或气焊容易造成透气板损坏。

对故障的处理方法如下：

（1）载氟氧化铝粉中含有沙子及其他杂质，在输送过程中，沙子及杂质会沉到溜槽底部，附在沸腾板上，影响透气量，导致设备不能正常运行，应在输送溜槽前端装一套滤网装置，以便自动将沙子及杂质除去，确保输送系统长期稳定运行。

（2）电解槽上部圆形溜槽改为方形溜槽，并加装排气装置。电解槽上部溜槽为圆形溜槽，这种溜槽从理论上和实践中都被证明输送阻力大，排气性能不好，容易堵料，维修也比较麻烦。方形装置，输送阻力小，输送速度快，不易堵料，便于维修。

（3）每节气室为单独供风系统，其供风压力靠减压阀进行调节；但其没有监控装置，供风压力只能凭经验进行定性调整，不能进行定量调整，在某一段一旦发生减压阀故障将影响供料工作。应将每个独立气室加装压力表进行直观监控，发现问题能及时处理，方可保证电解槽的正常供料。同时在溜槽上合理增加快开孔，快开孔与观察孔相对应，发现该段压力不正常，就可判断为溜槽内杂物过多，这样可对内溜槽所堵沙子及杂质及时清理，保证电解槽正常供料。

（4）增加溜槽长度，减少溜槽法兰接头，改造压板质量，减少死区数量，加快打料速度，降低能源消耗。超浓相输送运行阻力除了与供风风压调整有关外，还与溜槽接头法兰接头压板数量有关，因为每节溜槽两端有一个 40 mm 宽的钢制压板，这样溜槽两端压板处就不能透气，成为死区。两根溜槽连接处死区为 80 mm。氧化铝走到死区就不能流态化，这样的死区越多，阻力越大，建议将钢制压板做成滤网式压板来减少供风死区，从而使运行阻力相应减少，使输送速度加快。

（5）应定期进行料位开关的清理工作，确保末端槽能正常供料。每区中间增加 3~5 个电解槽末端料箱料位开关，综合各种因素判断供料情况。提高超浓相供氧化铝自动化控制水平，实现风压平衡、配料准确、计量可靠、控制方便、降低人员劳动量、及时供料。

（6）严格执行操作维护规程，加强巡视，定期检修，把隐患消灭在萌芽之中。要备好溜槽、调节阀、透气板等备件，准备好倒链、千斤顶等专用工具，一旦发生供料中断问题，在最短 3~4 h 内进行修复，确保电解槽连续供料。

预焙电解槽铝厂氧化铝输送方式一般都采用浓相输送或超浓相输送，这两种氧化铝输送方式都能很好满足预焙电解槽工艺对氧化铝质量（粒度和比表面积等方面）的要求；而铝电解厂一般根据具体的场地、厂房和技术等来选择合适的氧化铝输送方式。

各种气力输送技术的比较如表 9-1 所示。

表 9-1 铝厂用各种气力输送技术的比较

气力输送技术	稀相输送	浓相输送	超浓相输送
气源	压缩空气	压缩空气	离心风机
压力/Pa	6×10^5 ~ 8×10^5	6×10^5 ~ 8×10^5	约 6000

续表 9-1

气力输送技术	稀相输送	浓相输送	超浓相输送
耗气量/$m^3 \cdot min^{-1}$	约 40	约 150	输送 100 m,斜度 0.5°时,风机风量 13
输送速度/$m \cdot s^{-1}$	>30	9	0.5~2
匹配空压机	有	有	无
除空压机外一次投资	小	小	中
自动化程度	一般	高	高
物料破损程度	大	中	小
环境污染	小	小	小
1t Al_2O_3 耗电量/kW · h	10~20	3.05	3~5
附加设备阀件	少	多	少
管道寿命	直管 2~3 年,弯头半年左右	运行 16 年未坏	直管 10 年,弯管 7 年未坏

9.1.2　氧化铝供料系统及工艺流程实例

9.1.2.1　氧化铝供料系统

某厂电解氧化铝供料系统分为两套。每套系统中新鲜 Al_2O_3 从原料库到新鲜仓为浓相输送系统,配置 2 台体积为 6 m^3 的压力容器及相应的浓相输送管线。载氟 Al_2O_3 从载氟仓到各个分料仓也为浓相输送系统,每套系统配置体积为 4 m^3 的压力容器 6 台,每 2 台压力容器为一组互为备用,共用一条浓相输送管线到分料仓。分料仓到电解槽料箱为超浓相输送系统,每套系统配置 2 台高压离心风机为超浓相输送系统的 200 mm 和 80 mm 风动溜槽供风。每栋电解厂房配置了两套天车加料系统,新鲜 Al_2O_3 通过风动溜槽和天车加料装置输送到电解多功能天车料箱。

新鲜 Al_2O_3 在原料库经天车吊装人工加入压力容器后,经原料库浓相输送系统输送入新鲜仓中贮存;新鲜仓中的新鲜 Al_2O_3 大部分经投料装置进入净化系统中形成载氟 Al_2O_3 返回载氟仓,载氟 Al_2O_3 经分料仓浓相输送系统输送入分料仓中贮存,而分料仓的载氟 Al_2O_3 通过超浓相输送系统输送到电解槽上料箱中,供电解生产使用。

新鲜仓中的另一部分新鲜 Al_2O_3 则通过风动溜槽输送到电解厂房通道上的天车加料口,然后 Al_2O_3 又通过天车加料装置输送到电解多功能天车料箱中贮存,供电解生产过程中换极作业时添加阳极保温覆盖料使用。

9.1.2.2　氧化铝供料系统工艺流程

电解氧化铝供料系统工艺流程采用浓相输送系统和超浓相输送系统相结合的供料方式。氧化铝整个输送过程都实现了自动控制,密封性好,能耗低,维护量小和操作简单。

氧化铝供料系统工艺流程如图 9-1 所示。

9.1.2.3　供料主要设备

A　射流泵

射流泵(压力容器)是浓相输送系统的主要设备,有两种规格:$V=6\ m^3$ 和 $V=4\ m^3$。射

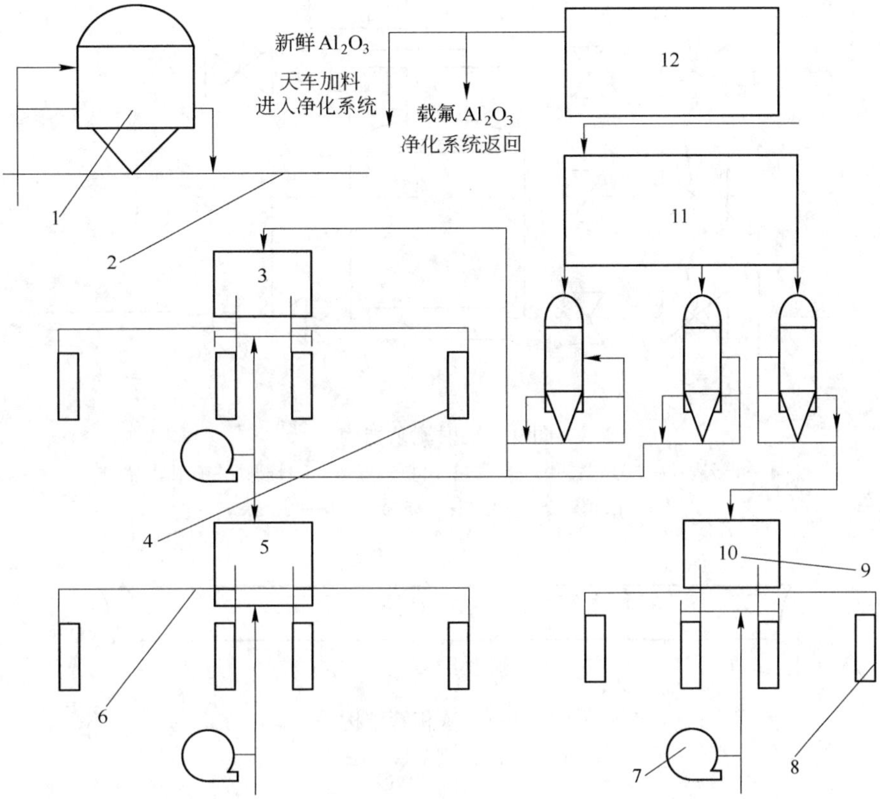

图 9-1 供料系统工艺流程

1—射流泵；2，4—浓相输送系统；3—1 号阀；5—5 号阀；6—超浓相输送系统；7—高压离心风机；8—电解槽料箱；9—分料仓；10—6 号阀；11—载氟仓；12—新鲜仓

流泵的工作原理为氧化铝加入射流泵后，首先关闭 5 号阀和 6 号阀，并开启 1 号阀，然后开启 2 号阀、3 号阀和 4 号阀进行加压，当罐体加压到设定压力时关闭 4 号阀，氧化铝在罐体中被加压呈沸腾状态而从罐体中进入浓相管，输送过程中罐体压力低于设定压力时开启 4 号阀进行加压，保证氧化铝均匀进入浓相管形成料栓向前输送。

射流泵的控制阀中：1 号阀为物料切断阀，控制射流泵中物料的输送；2 号阀为喷射阀，使氧化铝从喷射装置被均匀输送入浓相管；3 号阀为助吹阀；4 号阀为加压阀，保持罐体压力；5 号阀为加料阀，控制氧化铝加入罐中；6 号阀为排气阀。其主要结构如图 9-2 所示。

B 浓相管

浓相管是浓相输送系统的主要设备，它是由特制的内管和外管共同组成的，其中内管为压缩空气管，外管为物料输送管，内管焊接在外管内壁上并每隔一段距离都开有一个特制小孔。浓相管结构如图 9-3 所示。

C 风动溜槽

风动溜槽是超浓相输送系统的主要设备，其上、下室用帆布隔开，上室为氧化铝物料室，下室为高压风气室。

超浓相风动溜槽采用法兰连接，其上设有平衡料柱。风动溜槽的结构如图 9-4 所示。

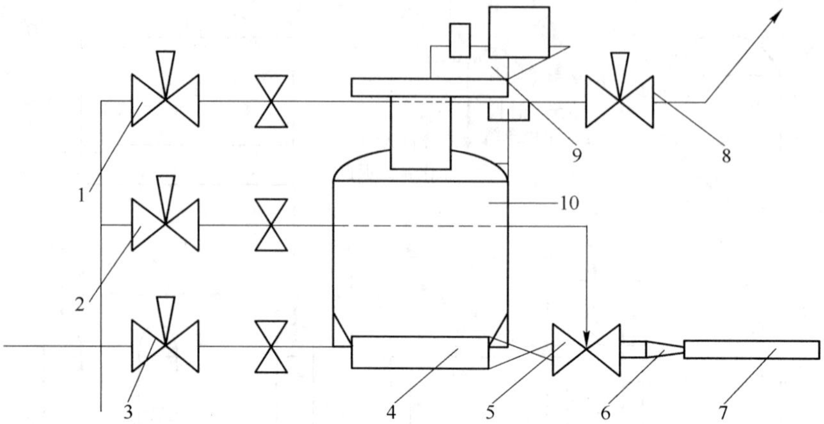

图 9-2　射流泵结构

1—4 号阀；2—2 号阀；3—3 号阀；4—出料装置；5—1 号阀；6—喷射装置；
7—浓相管；8—6 号阀；9—5 号阀；10—射流泵

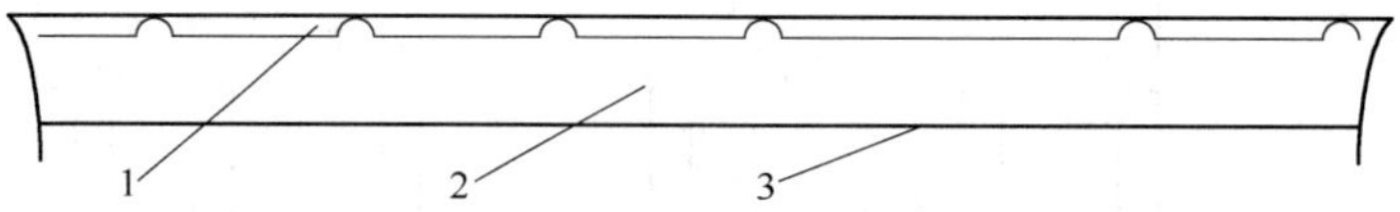

图 9-3　浓相管结构

1—内管；2—外管；3—法兰

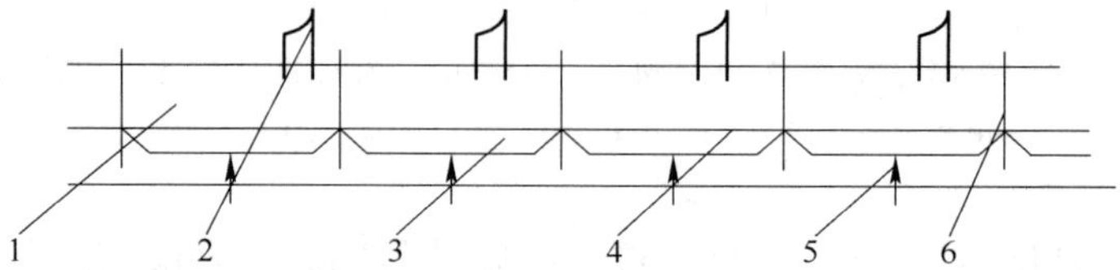

图 9-4　风动溜槽结构

1—物料室；2—平衡料柱；3—气室；4—帆布；5—高压风；6—法兰

9.1.3　供料安全技术规程

供料安全技术规程如下：

（1）供料系统设备点检、维护时须停机并告知操作人员并悬挂标牌。

（2）供料控制室除当班人员外，无关人员未经许可禁止入内。

（3）对供料系统各设备控制参数，未经车间同意，不得随意调整。

（4）设备点检、检修时不允许带压、带电和运行作业。

（5）高空作业或检修时须采取安全措施并设专人监护。

（6）点检、巡检和检修设备须防触电、雷击和工艺流程设备渗漏雨水。

（7）供料系统设备出现故障时应停机转换并查明原因处理。

（8）定期对供料系统的安全措施及设备进行检查维护。

9.1.4 射流泵安全技术规程

射流泵安全技术规程如下：

(1) 射流泵为压力容器，其操作及检修人员须经技术培训掌握一定压力容器安全知识后才能上岗作业。

(2) 射流泵手动送料时须先排尽罐中压力，才能开阀加料，防止射流泵喷料伤人。

(3) 射流泵出现故障须检修时应排尽罐中压力和物料，并关闭供气及控制气源等。

(4) 射流泵送料过程中应加强检查，防止罐中料少或料过满影响生产。

9.1.5 供料系统故障及处理

电解槽上料箱无料或料少故障分析及处理：

(1) 风动溜槽供风蝶阀或微调器被关闭或调小，造成槽上料箱无料或进料少；处理措施为打开蝶阀并利用测压表重新调试微调器的开度值。

(2) 风动溜槽料室被异物堵塞；处理措施为拆开风动溜槽堵板或料箱盖板，利用压缩空气吹出料室中的异物或物料，保证物料输送畅通。

(3) 风动溜槽气室被物料堵塞；处理措施为拆开风动溜槽气室的进风口和堵头，利用压缩空气吹出气室中的物料，若 80 mm 风动溜槽或料箱帆布密封不严漏料严重时还需及时更换处理。

(4) 电解槽上料箱的收尘管被堵塞，排气不畅；处理措施为拆开料箱盖板，清理被堵收尘管。

(5) 料仓的料位低或无料；处理措施为及时向料仓供料，保持在低料位之上。

(6) 风动溜槽的下料管被堵塞；处理措施为拆开下料管清理，保证下料畅通。

电解槽上料箱漏料故障分析及处理：

(1) 电解槽的筒式下料器反吹风量过大；处理措施为调小控制反吹风的单向节流阀开度值。

(2) 控制电解槽下料器的电磁阀动作不灵活；处理措施为清理电磁阀阀芯或更换新电磁阀。

(3) 风动溜槽的供风量过大；处理措施为重新调试控制风动溜槽供风量微调器的开度值。

(4) 电解槽上料箱进料过多，超过料箱高料位；处理措施为关闭风动溜槽供风手动蝶阀，停供电解槽料一次运行。

(5) 供电解槽的载氟 Al_2O_3 粉料过多；处理措施为拆开风动溜槽堵板或料箱盖板，利用压缩空气吹通。

射流泵物料输送过程故障分析及处理：

(1) 射流泵罐体中加料较少，造成输送时间过短；处理措施为调整射流泵下料通道上的物料切断阀开度值，确保加入罐体中的物料在罐体的 1/2～2/3 之间。

(2) 射流泵各控制阀的运行参数设置不合理，造成射流泵输送物料过程中易堵料或时间过长；处理措施为重新调试各控制阀的开度值及运行中的压力显示值。

(3) 射流泵的出料装置及喷射装置内壁结壳，造成浓相输送过程物料堵塞、输送时间过长或设备破损;处理措施为拆开射流泵的出料装置及喷射装置等进行清理或补焊作业。

(4) 浓相输送管及相配置的分流器在阻力变化处内壁结壳,造成浓相输送过程物料堵塞、输送时间过长或设备破损;处理措施为拆开浓相管及分流器进行清理或补焊作业。

(5) 料仓顶除尘器运行故障,造成浓相输送过程中的气固分离不好和在料仓中排气不顺畅;处理措施为查明除尘器的故障原因并及时处理或临时全开料仓收尘管。

(6) 浓相输送过程中压缩空气压力波动大并且压力低,造成浓相输送过程物料堵塞或输送速度慢;处理措施为及时联系调度或空压站处理。

9.2　电解烟气净化

9.2.1　电解烟气净化基础知识

9.2.1.1　电解烟气成分及电解厂房通风排烟

电解生产中散发出大量的气态和固态的污染物,气态物质主要成分为氟化氢、二氧化碳、一氧化碳、二氧化硫、四氟化硅、四氟化碳等。固态物质分两类:一类是大颗粒物质(直径大于 5 μm),主要是氧化铝颗粒、炭粒和冰晶石粉尘,由于氧化铝吸附了一部分气态氟化物,大颗粒物质中的总氟量约为 15%;另一类是细微颗粒,由电解质蒸气凝聚而成,其中氟含量达 45%。这些污染物对人体、环境都是非常有害的。为了改善工人的劳动条件,保护环境,减少污染,必须对这些污染物进行净化,主要是加强通风、排烟,提高电解槽的集气率。

电解厂房的通风一般采用自然通风和机械通风。预焙阳极电解槽的阳极是在专门部门预先焙烧而成的,所以电解厂房内无沥青烟。同时预焙槽的密闭集气率较高,故预焙电解厂房都采用自然通风方式。为了达到和强化自然通风,在厂房两侧墙壁下方及中部都设有侧窗,墙顶部设有天窗,天窗旁设有挡风板,这样,室外冷的新鲜空气经过下面的侧窗进入电解厂房后,流过电解槽操作带,变成带有污染物的热气流上升经天窗排入大气中。

排烟是将电解生产中产生的烟气收集后,通过排烟管送往净化系统进行净化回收。搞好排烟的首要任务是搞好电解槽的集气,只有烟气有效地集中起来,净化回收才有成效。预焙槽的烟气是由水平罩、立式端头罩及分解式铝平板罩构成的密闭体系加以收集的,收集到的烟气经支烟道汇总到总烟管道后,送往净化厂房进行净化处理。

9.2.1.2　电解烟气净化方式

铝电解烟气净化工艺主要有湿法净化和干法净化两类。

(1) 湿法净化对于清除可溶性气体(HF 和 SO_2)具有很高的效率,对于清除颗粒物质具有中等效率。洗涤塔的效率,大约与烟气-洗涤塔的接触装置所耗用的能量的多少成正比。湿式洗涤塔通常与静电收尘器联合使用。湿法净化有碱法、酸法和氨法等,但从净化效果好、设备简单、维护方便、设备腐蚀低等方面考虑,湿法净化以碱法为多。

(2) 干法净化是近年来发展和完善起来的铝电解烟气净化新技术,由于其净化效率高(达到 95%),目前已广泛用于预焙电解槽。干法净化具有流程简单、运行可靠、设备少、净化效率高等特点,而且不需要各种洗液及其他原料,所用吸附剂为铝电解原料——氧化铝,吸附后的氧化铝可直接用于电解生产,故不存在废水、废渣及二次污染,且基建和运行费用低,较为经济。

其中湿法净化方式由于洗涤液直接排放会发生二次污染，须进行再处理，现铝厂一般不采用。本书主要介绍干法净化。

9.2.2 干法净化

9.2.2.1 干法净化烟气净化原理

干法净化是指直接用铝电解的生产原料氧化铝做吸附剂去吸附铝电解烟气中的氟化氢等有害成分的净化工艺。具有吸附作用的物质（氧化铝）称为吸附剂，被吸附的物质（氟化氢等）称为吸附质。

氧化铝颗粒细，微孔多，比表面积大，具有两性化合物的特性，是干法净化回收理想的吸附剂。氟化氢是酸性强、沸点高、负电性大的吸附质。因此，氟化氢很容易被吸附剂——氧化铝所吸附。

从物理化学观点，氧化铝对氟化氢的吸附过程包含如下几个步骤：

（1）氟化氢在气相中不断扩散，通过氧化铝表面气膜到达氧化铝表面。

（2）氟化氢受原子化学键力的作用，形成化学吸附。因为在氧化铝表面上，原子排列成行，这些原子都有剩余价力。当空间中的氟化氢气体分子通过氧化铝表面气膜，接近氧化铝表面时，就会被剩余价力所吸住。

（3）被吸附的氟化氢和氧化铝发生化学反应，生成表面化合物——氟化铝。其反应式如下：

$$Al_2O_3+6HF = 2AlF_3+3H_2O$$

从上述过程可知，氧化铝吸附氟化氢是化学吸附为主、物理吸附为辅的过程。在吸附过程中，只要提供足够的湍动，使吸附剂与吸附质能充分接触，促进气流扩散并增大传质速率，吸附即可达到很好的效果。所以，在干法净化时，在氧化铝活性已有保障的情况下，关键是要创造有利条件使氧化铝与烟气进行充分接触。

9.2.2.2 干法净化回收工艺特点

干法净化回收工艺有如下优点：

（1）流程简单，运行可靠，设备少，净化效率高。

（2）干法净化回收不需要各种洗液，不存在废水、废渣及二次污染，设备也不需要特殊防腐处理。

（3）干法净化回收所用吸附剂是铝电解生产的原料氧化铝，不需要专门制备，回收的氟可返回电解生产使用。

（4）干法净化回收可适用于各种自然条件下，特别是缺水和冰冻地区。

（5）基建和运行费用较低。

但是，干法净化回收工艺也存在以下缺点：

（1）净化二氧化硫的效果差。

（2）原料氧化铝在净化过程中，因多次循环，容易带进杂质。

（3）吸氟后的氧化铝飞扬较大。

9.2.2.3　干法净化工艺

各预焙铝电解厂的干法净化回收系统设备不尽相同，但基本过程相同，都要经过电解槽的集气、吸附、气固分离、氧化铝输送和排气等几个工序。图 9-5 所示为预焙槽干法净化设备流程。

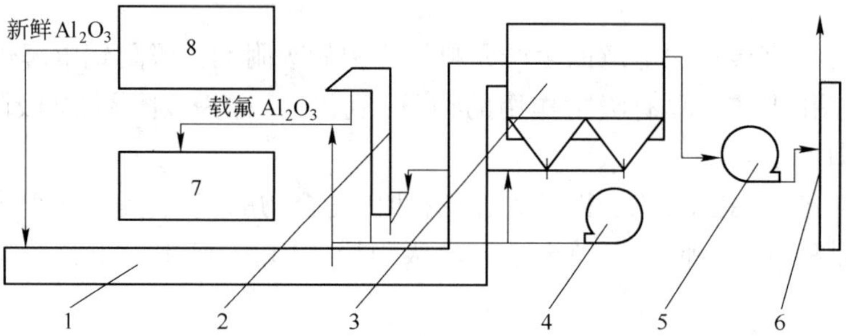

图 9-5　预焙槽干法净化设备流程

1—主烟管；2—斗式提升机；3—布袋除尘器；4—高压离心风机；5—排烟风机；6—烟囱；7—载氟氧化铝仓；8—新鲜氧化铝仓

具体过程如下：电解槽的烟气通过电解槽集气装置收集后进入支烟管，电解槽支烟管的烟气经烟气总管汇集后通过净化反应段主烟管与投料口加入的新鲜 Al_2O_3 反应后形成载氟 Al_2O_3，然后进入除尘器，经布袋收尘后的载氟 Al_2O_3 经风动溜槽、密封箱和转换三通装置输送到斗式提升机，由斗式提升机提升后再通过风动溜槽、溢流箱和布料器进入载氟仓中贮存供电解生产使用，净化后的烟气经排烟风机从烟囱抽出排入大气。

9.2.2.4　干法净化工艺系统组成

烟气净化系统一般由烟气的集气部分、新鲜 Al_2O_3 给料部分、烟气净化分离部分、排烟部分、载氟 Al_2O_3 回收部分和净化高压离心风机六大部分组成。

9.2.2.5　净化主要设备

A　排烟风机

排烟风机是净化系统形成负压的主要设备，它由风机和电动机共同组成。其工作原理为：电动机与风机通过联轴器连接，电动机启动后，带动风机共同作高速旋转运行，从而使净化后的烟气从一端抽出，使整个净化系统形成负压密闭运行。

风机配置有控制开度的进、出口阀门及相应执行机构，轴承箱设有水冷系统和温控装置。排烟风机的主要结构如图 9-6 所示。

B　脉冲袋式除尘器

脉冲袋式除尘器是净化系统的关键设备，它的运行状况将直接影响电解烟气净化效率和工厂环保的达标排放指标。其工作原理为含粉尘的烟气通过布袋滤料层时，粉尘被滤料网眼的筛滤阻拦和被滤料纤维拦截，与之发生碰撞、静电吸引，加之吸尘粒自身扩散，从而将尘粒阻留在滤料表面，气体穿过去，实现净化除尘。当布袋外表粉尘沉积较多时，布袋阻力增高，控制仪定时发出信号，喷吹装置工作，无油风从气包经脉冲阀和喷吹管上的喷嘴向布

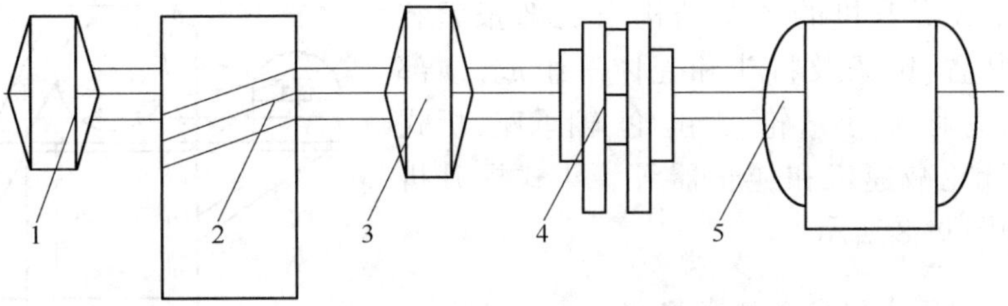

图 9-6 排烟风机的结构

1,3—轴承座;2—风机;4—联轴器;5—电动机

袋内喷射,布袋向外膨胀产生加速和反向气流使附在布袋外表面的粉尘脱离布袋而进入除尘器料斗,经风动溜槽输送到斗式提升机,经提升后返回载氟仓。

脉冲袋式除尘器由箱体和控制系统两部分组成。箱体分为上、下两部分:上部分包含检修门、检修室、花板、出口阀、喷吹管等;下部分包含灰斗、集尘室、骨架、布袋、进口阀、挡风板等。控制系统包括电控和气控两部分:电控系统控制电磁阀定时动作,从而带动脉冲阀动作;气控系统由气包、无油压缩空气、脉冲阀等组成。除尘器的主要结构如图 9-7 所示。

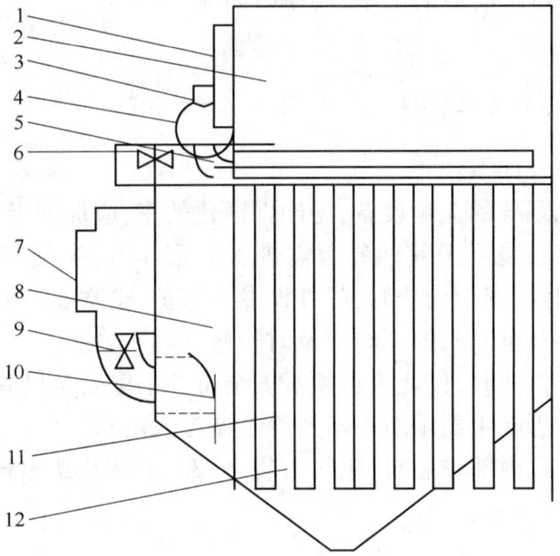

图 9-7 脉冲袋式除尘器的结构

1—检修门;2—检修室;3—脉冲阀;4—气包;5—喷吹管;6—出口阀;7—烟管;
8—集尘室;9—进口阀;10—挡风板;11—布袋;12—灰斗

C 板链式斗式提升机

板链式斗式提升机是净化系统的主要设备,是将净化系统回收的载氟 Al_2O_3 提升到载氟仓贮存的物料垂直输送设备。其工作原理为载氟 Al_2O_3 等物料从进料口进入斗式提升机底部后,由斗式提升机顶部的电动机通过减速机带动斗式提升机的大、小链轮及链条作连续循环往复运转,当料斗运行到底部时,就自动将物料挖入料斗中,向上运行到顶部时,将物料从料斗内自动倒出,物料从出口处流出后由风动溜槽输送进入载氟仓。

板链式斗式提升机的主要结构由底部张紧装置、顶部传动装置、链条及料斗和壳体等组成；顶部传动装置分为电动机、小链轮、大链轮、轴承座、板式链轮、摆线式针轮减速机和逆止器等。斗式提升机的主要结构如图 9-8 所示。

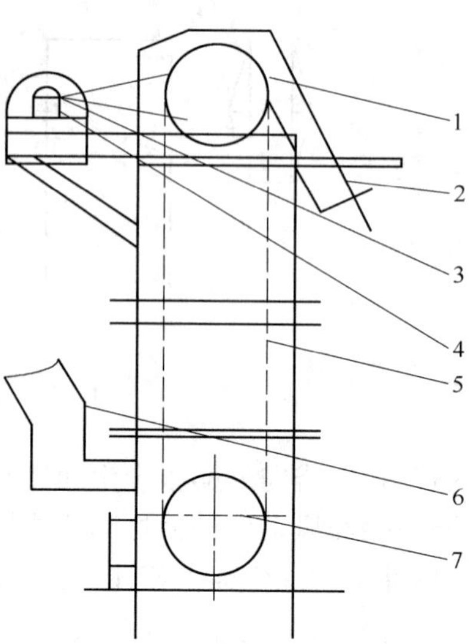

图 9-8　斗式提升机的结构
1—大链轮；2—出料口；3—小链轮；4—电动机、减速机及逆止器；5—链条及料斗；6—进料口；7—从动链轮

9.2.2.6　烟气净化安全技术规程

烟气净化安全技术规程如下：

（1）净化控制室除当班人员外，无关人员未经许可禁止入内。

（2）对净化系统设备控制参数及控制室显示参数，未经车间同意，不得随意调整。

（3）净化设备点检、检修故障须停机进行。

（4）高空作业时，须采取安全措施并设专人监护。

（5）净化设备检查维护时应防触电，雨季时防流程进雨水和雷击。

9.2.2.7　除尘器安全技术规程

除尘器安全技术规程如下：

（1）除尘器是净化系统的关键设备，为确保净化效率，应加强点检和维护。

（2）给除尘器更换布袋或因其他原因需进入上箱体时，须关闭供气阀，排尽气包内压力，锁闭出口阀并把检修门安全钩挂好，门外设专人监护，空吹 5～10 min 后方可进入作业。

（3）除尘器脉冲阀及电磁阀损坏时应及时检修处理。

（4）除尘器在高空作业时，作业人员须戴安全带并采取安全措施。

（5）雨季时检修处理除尘器须防雷击及除尘器渗入雨水。

（6）在除尘器箱体或内部作业时，应防布袋、骨架、工具及其他异物掉入下箱体或仓中，造成流程堵塞。

9.2.2.8　净化作业规程

循环水作业规程如下：

（1）检查水池水位、冷却水塔及阀门和水泵及阀门。

（2）水泵及冷却水塔的启动运行均可在现场就地操作或在控制室远控操作。

（3）循环水系统的启动顺序为：阀门开启–冷却水塔启动运行正常–水泵启动运行正常。

（4）循环水泵的转换为早班转换，备用水泵启动运行正常后停止转换水泵运行。

排烟风机作业规程如下：

（1）检查排烟风机的电动机、风机、联轴器及轴承、进出口阀及电动执行机构。

（2）检查排烟风机各控制参数及轴承润滑油。

(3) 排烟风机的启动运行只能在主控室操作,但停止运行操作可在主控室作业也可在就地控制箱上作业。

(4) 排烟风机启动前,就地控制箱转换到允许合闸位置,启动运行正常后,开启进口阀到规定值,保证净化系统处于负压状态运行。

斗式提升机作业规程如下:

(1) 检查斗式提升机底部张紧装置、进口挡板、转换三通和收尘阀。

(2) 检查斗式提升机顶部传动装置的电动机、减速机和链条、小斗。

(3) 斗式提升机启动运行可在主控室操作,也可在现场就地控制箱上操作。

(4) 斗式提升机启动运行正常后,将载氟氧化铝从底部提升到载氟仓,实现物料垂直输送。

(5) 斗式提升机转换为早班,备用斗式提升机启动运行正常后,并且转换的斗式提升机小斗无料后才能停止其运行。

高压离心风机作业规程如下:

(1) 检查高压离心风机出口阀、传动部分及控制箱。

(2) 高压离心风机启动可在控制室内远控操作,也可在控制箱现场就地操作,转换开关设在就地控制箱。

(3) 高压离心风机启动运行正常后,净化风动溜槽就实现了载氟氧化铝从除尘器到载氟仓的物料输送。

(4) 高压离心风机的转换为早班,备用高压离心风机启动运行正常后,停止转换高压离心风机的运行。

除尘器作业规程如下:

(1) 检查除尘器气包、喷吹装置及供风阀门。

(2) 检查除尘器箱体密封性和进、出口阀。

(3) 在控制室内除尘器控制柜上启动除尘器,运行正常后,实现电解烟气的净化。

(4) 除尘器的布袋破损后,单室进行检修更换布袋作业,确保烟气净化效率。

新鲜 Al_2O_3 投料作业规程如下:

(1) 检查下料阀、投料溜槽密封性及投料口。

(2) 开启下料阀,新鲜 Al_2O_3 经风动溜槽投入大烟管中,净化吸附烟气中的氟化物,形成载氟 Al_2O_3,实现氟化盐回收利用,供电解生产作生产原料。

(3) 净化系统发生故障需停止投料作业时,关闭下料阀。

复习思考题

9-1 氧化铝气力输送技术主要有哪几种,各种技术的原理及特点如何?

9-2 氧化铝供料系统由哪些部分组成?

9-3 简述供料系统工艺流程。

9-4 烟气净化方式有哪几种,各种净化方式的原理和特点是什么?

9-5 简述干法净化的原理、工艺及设备组成?

10 铝电解生产的计算机控制

从20世纪60年代起，铝电解技术迅速发展，电解槽产能成倍地增加，电解槽越来越大，电解生产的自动化程度也越来越高。先进的计算机技术和现代铝工业的结合，不仅大大减轻了电解操作人员的劳动强度，而且更能及时、准确、科学、连续一致地对电解槽进行控制。计算机的运用，对电解生产的操作者和管理者都提出了更高的要求，潜移默化地提高了各级人员的技术水平和业务素质，使电解生产标准化、数据化、科学化。计算机的运用，为电解生产的高效、平稳提供了重要保证。总之，计算机控制已成为现代铝电解生产过程必不可少的自动化装备，它的发展水平已成为当代铝冶炼技术发展水平的重要标志之一。

10.1 计算机系统的控制形式

铝电解生产中的计算机系统的控制形式分为集中式、分布式、集中分布式（集散式）三种。

10.1.1 集中式

集中式计算机控制系统（20世纪70~80年代）是由主机和槽控机组成的。其中，主机负责系列槽的数据采集、数据解析、命令的发布和信息存储与处理，槽控机负责对主机发出的命令完成相应的动作。该控制系统的特点是所有的信息都返回主机集中处理，槽控机仅仅是主机命令的执行者，本身不处理任何信息。

我国最早投入的贵州160 kA预焙槽系列采用的即是集中式计算机控制系统。在实际运行中，发现该系统存在从采样到处理之间间隔相对较长，实时性较差，并且在主机或接口机发生故障后，容易发生大面积电解槽失控等缺点。

10.1.2 分布式

分布式计算机控制系统（20世纪60~70年代）是由每台槽的槽控机独立完成控制的。该控制系统的特点是槽控机的微机档次高，有足够的能力完成数据采集、数据解析、命令的动作执行和信息存储与处理。但其缺点是整体上不容易掌握槽的受控情况，编制报表极不方便，并且需要改变软件参数，要逐台进行，比较麻烦。

10.1.3 集中分布式

集中分布式计算机控制系统（20世纪80~90年代）是由主机和槽控机组成的，见图10-1。其中，主机负责监视、协调、存储和设定参数的修改等，槽控机负责对槽运行数据的采集、数据的解析和动作过程的控制。

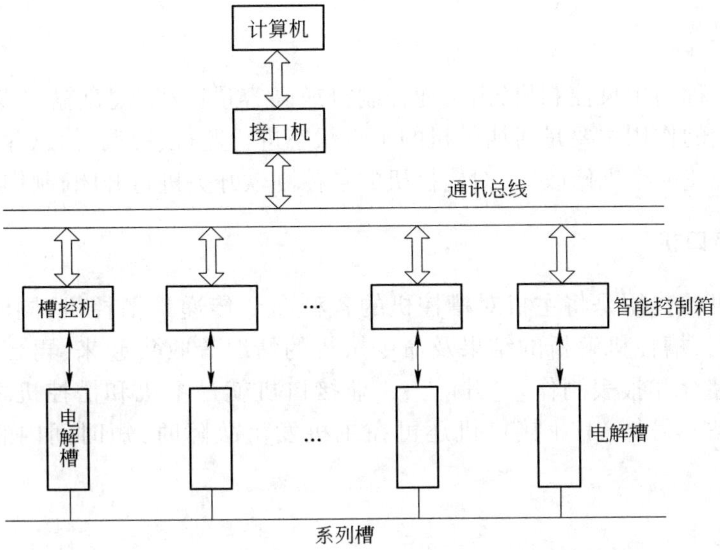

图 10-1 集中分布式计算机控制系统

集中分布式计算机控制系统融合了集中式和分布式两者的优点,采用"集中操作,分散控制"的方式,已成为新建铝电解系列计算机控制的主导模式。

各槽配备1台槽控箱(或称槽控机)作为直接控制级,内含一个独立的以微控制器为核心的控制系统,能独立地完成对所辖电解槽进行信号(电流、电压)采样、分析运算和实施控制的功能;所有槽控机通过通信线连接到计算机站的上位机(过程监控级),由上位机对槽控机进行集中监控。

10.2 计算机系统的配置

尽管各铝电解厂计算机控制系统选用的主机、槽控机的型号或者信息传输方式不同,但它的组成方式基本是一样的,均由计算机、工业接口机、槽控机三部分组成,见图 10-2。

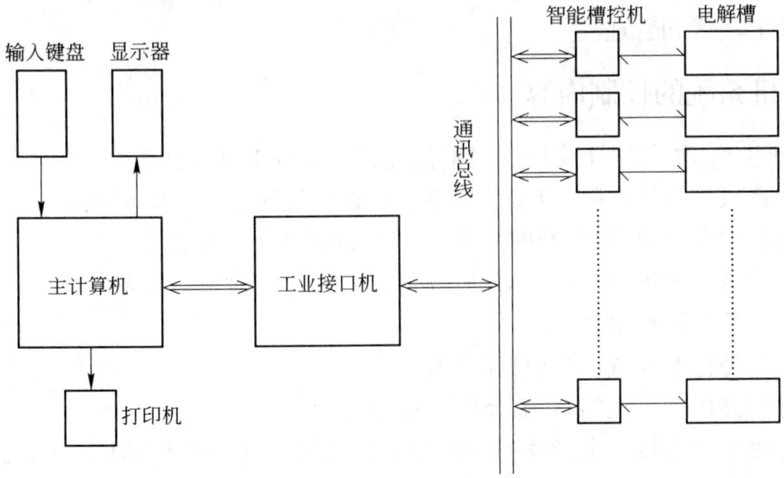

图 10-2 计算机控制系统配置图

10.2.1　计算机

计算机部分称为中央控制机，由工业控制机或高容量微机、键盘输入设备、显示设备与打印机组成。它的作用主要是对槽控机的工作状态进行监视、协调、信息存储和电解槽运行的设定参数做统一或个别修改等，对槽控机的各控制软开关进行开闭，制作各类管理报表。

10.2.2　工业接口机

工业接口机的作用是将主机对槽控机的各种命令传递给槽控机，同时将槽控机采集到的槽运行数据、槽控机解析的结果及命令执行的情况等收集起来，再传送给主机，以便主机进行信息储存和报表制作。实际上，工业接口机就是主机和槽控机之间进行上传下达的信息中转站。另外，工业接口机还可在主机发生故障时，短时间内兼作主机的部分工作。

10.2.3　槽控机

槽控机由上箱体和下箱体组成。上箱体为逻辑部分，下箱体为电气部分。

在集中式计算机控制系统中，槽控机的作用仅是执行主机的动作命令。而在分布式和集中分布式计算机控制系统中，槽控机就要独立承担以下功能：

(1) 槽电压的采样、处理和分析。

(2) 生产工艺的控制。

(3) 正常槽电阻的控制、槽电阻波动的检测和消除。

(4) 氧化铝浓度的控制。

(5) 阳极效应的控制。

(6) 生产工艺过程的控制，包括阳极升降、抬母线、边部加工、打壳加料、加氟盐、效应处理、出铝、换阳极等。

(7) 提出生产数据、生产报表和曲线记录，对运行数据的监视和信息储存。

(8) 故障报警和事故保护。

(9) 生产的调度和管理。

10.3　计算机系统的控制内容

在铝电解生产中，利用计算机控制工艺过程可实现下列功能：

(1) 用计算机控制槽电阻，自动调整槽电压以保证正常生产时的极距。

(2) 当电解槽发生效应时，及时发出警报或实现自动熄灭效应。

(3) 通过计算机实现电解槽的自动定时打壳下料，定时定量加料。

(4) 异常槽的判断和报告。

(5) 收集各种技术参数，编制打印成表。

(6) 随时扫描槽上氧化铝料箱，及时补充氧化铝。

由于铝电解生产中每个生产系列中每台电解槽的作业项目均相同，且电解槽系列的各种特性数值均属于连续性的，如电流强度、槽电压、槽电阻、氧化铝浓度、温度、物质的量比等等，以及它们随时间而变化，这些都构成了自动控制的基础。目前能直接用来控制电解过程的是电气特性数值(电流、电压、槽电阻值)。

10.3.1 槽电压控制(简称 RC)

槽电阻控制(RC)的目的有:

(1) 通过槽电阻调节维持正常的极距;

(2) 维持理想的热平衡。

槽电阻的组成如下:

(1) 槽体电阻值;

(2) 极化电压;

(3) 熔融电解质电阻;

(4) 阴极沉淀物电阻。

大量科学实验表明,能引起槽表观电阻在短时间内变化的直接因素有电解温度、极距、Al_2O_3 浓度。

一切槽电阻的控制都是通过对槽电阻的解析, 并用解析后的槽电阻与目标控制电阻的比较来实现槽电阻的调整的。

目标控制电阻(SNRN)= 设定电阻值+附加电阻值

设定电阻值=(设定电压-槽反电动势)/设定电流

附加电阻值由换极(AC)后额外电阻值、出铝(TAP)后额外电阻值、电压摆后额外电阻值、边部加工(IRF)后额外电阻值组成, 以上各值通过科学实验及实际生产得出, 并可作调整。

从电解槽运行稳定角度出发, 槽电阻的控制分为四个区域, 如图 10-3 所示,计算机针对槽电阻所在不同的区域实现不同的控制策略:

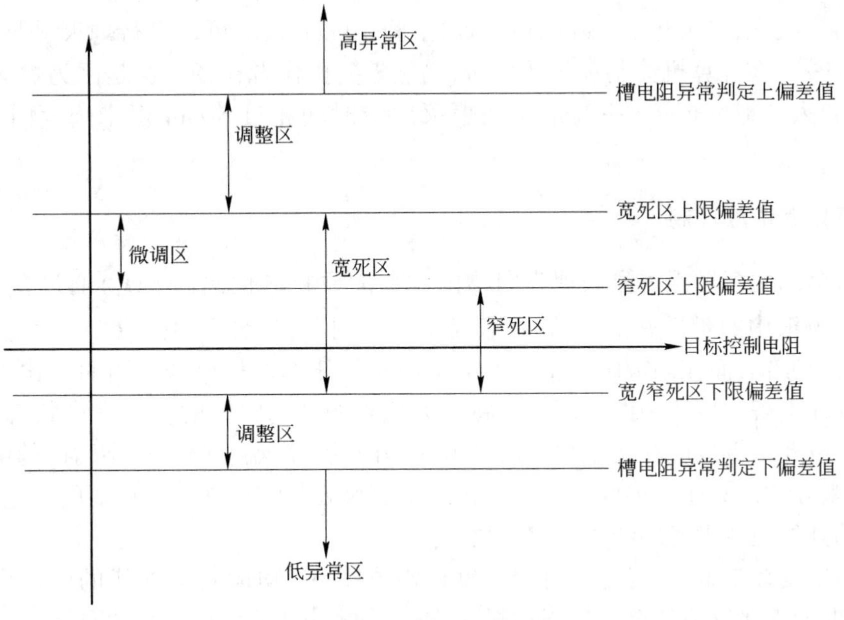

图 10-3 槽电阻的控制区域

（1）窄死区为不调整区，此期间不进行 RC。

（2）宽死区为微调区，此期间计算机根据实际槽况进行轻微调整，以使槽电阻回到窄死区。

（3）在调整区，计算机先作粗调，粗调时动极时限最大 3 s（可调），保持稳定一段时间后再作微调，以使槽电阻平稳地回到窄死区。

（4）异常区为报警区，槽电阻在此期间时，计算机停止动极，发出报警，通报现场操作人员处理。

10.3.2 效应（AE）控制策略及过程

解析判断如下：

（1）判断是否有效应电阻，若解析周期（如 5 s）电阻大于效应电阻判定值（可调参数）。

（2）如果有三次 AE 电阻（即持续 15 s 以上），则判定发生阳极效应。

（3）阳极效应发生后，在以后的槽电阻采样中，如果连续三次都没有效应电阻，则确定阳极效应结束。

效应分类如下：

（1）正常效应。正常效应为在效应等待（AEW）期间发生的效应。

（2）突发效应。突发效应为在非效应等待（AEW）期间发生的效应。

（3）闪烁效应。闪烁效应为持续时间不长的效应。

当阳极效应持续时间超过闪烁/真实效应判定时间时，槽控机就进行 AE 报警，自动执行一次效应处理（AEB，四个下料点同时下料，下料次数参数可调整）。如果效应持续时间超过 4 min，计算机进行效应时间过长报警，之后每隔 2 min 进行一次报警，直到 AE 熄灭。

中间下料预焙槽由于是自动下料，计算机还可以实现自动熄灭效应。其做法是一面打壳下料，一面下降阳极。为了使熄灭效应成功率提高，需要在效应发生后等 2～3 min 才开始打壳下料一次，第二次开始下降阳极，每次下降 10mm，效应可以自行熄灭，熄灭效应的成功率可达 95%。在计算机控制熄灭效应时，仍然需要操作者在场。这是因为熄灭效应时间过长时，需要人工辅助熄灭，一般是自动熄灭效应时间超过 5 min 仍未熄灭时，人工参与熄灭。

10.3.3 氧化铝浓度控制

铝电解槽的生产过程主要表现为向槽内添加的原料氧化铝（Al_2O_3）通过在氟化铝-冰晶石熔盐电解液中的扩散并溶解后，在直流电的作用下，与炭素阳极（C）发生电化学反应，在阴极上析出原铝，而在阳极附近析出 CO 和 CO_2 气体的过程机理。因而氧化铝原料的加料速率及其在电解质熔体中的浓度大小将极大地影响到电解槽的物料平衡状态，进而影响到产铝效率以及阳极效应的发生率。由于电解槽内处于高温、强磁场、高腐蚀的熔体流动状态，目前尚未开发出氧化铝浓度的一次性在线检测仪表跟踪控制这一重要的工艺过程参数。这也是制约其控制技术发展的关键因素之一。

氧化铝浓度控制策略：建立的可控区氧化铝浓度——电阻特征曲线的广域线性数学关系模型，借助能直接反映调整氧化铝加料速率的“过加工”或“欠加工”的过程激励方法，一方面可根据槽表观电阻的变化趋势跟踪辨识槽内氧化铝浓度的变化方向，另一方面可依据反映氧化铝浓度变化方向的电阻特征参数对系统的输出控制变量——氧化铝加料速率(NB间隔)进行适时调整,该调整结果进而影响到槽内氧化铝浓度的变化趋势,并通过相应的电阻变化特征参数反馈信息,形成自动的循环控制过程。相对于氧化铝浓度电阻特征曲线的效应区、敏感区、非敏感区和饱和区四个变化区域而言,该循环控制过程始终在自动地寻找和逼近一个最优的氧化铝浓度可控敏感区域,区域的端点反映可控区的边界范围(η_1%体现抑制效应、η_2%体现阻止浓度饱和),可随槽况的变化进行修正;相对每次循环中的"欠"或"过"加工调整过程而言,程序自动寻求一个最佳NB加料间隔,以满足控制落入可控区并谋求获得对应实际产铝效率的最佳投料速率。

实现这一区域自寻优控制过程的思想即所谓的"二阶段循环"控制策略,即"欠/过"加工循环控制策略,"二阶段循环"控制策略可简述如下:

(1) 欠料加工。采用柔性NB间隔放大规则,调整加工速率,以寻找使槽电阻递增向上变化的最佳NB间隔,逐步逼近高产铝效率的最佳氧化铝浓度范围(质量分数1.0%~1.5%);

(2) 过料加工。采用柔性NB间隔缩短规则,调整加工速率,以寻找使槽电阻递减向下变化的最佳NB间隔,抑制氧化铝浓度向效应突发区发展,并回到正常范围(质量分数2.5%~3.0%)。

10.3.4 异常槽况判定及处理

当铝电解槽的阳极与铝液面之间有局部短路现象时,电压会出现过低或摆动现象,这是因为在阳极长包或个别预焙槽阳极组消耗慢或阳极底掌下面有浮动炭块等等,这将会影响电流效率。因此,及时发现并消除这种异常现象是很必要的。当用计算机控制电解槽时,槽可以利用临时切断电流,读取各槽的电压残值来判断。如果残值远远低于正常槽残值(0.3 V)时,即计算机判断为异常槽。也可以通过检查发生效应时的电压值大小来判断,如电压远远低于该槽正常状态下发生效应时的电压,则计算机也判断为异常槽。发现异常计算机会发出报警信号,通知操作者及时处理,使槽恢复正常。

10.3.5 计算机报表分析

电解过程控制计算机能产生多种用途的报表,能够提供大量的人所不能感觉到、感觉不准或感觉不及时的电解槽运行的信息。这些信息对电解槽生产有着积极的指导作用,生产管理人员应充分开发、利用这些可贵的信息资源。

10.3.5.1 计算机报表种类

计算机控制系统产生的常用报表分为:槽状态报表、异常炉报表、效应情报表、日报表。

(1) 槽状态报表。槽状态报表显示当前电解槽的一些情况,比如常用参数的设置情况、槽控制状态的情况、当前的工作电压、系列电流、系列电压、当前的NB系数、AE状态及最新作业时刻等。槽状态报表是一种实时报表,它反映的是电解槽实时的控制和运行情况,可实时打印或定时打印。

(2) 异常炉报表。异常炉报表每8 h(即一个班)形成一份。异常炉报表显示8 h电解槽出现的异常情况,如异常电压的情况(包括当前状况和持续时间)、电压摆(包括当前状况和持续时间、手动和自动 RC 次数、手动 NB 次数、手动 AEB 次数)、最新异常电阻率情况(包括异常值和异常时刻)等。

(3) 效应情报表。效应情报表显示电解槽最新五次效应情况,包括 AE 发生的时间、AE 平均电压、AE 持续时间、AE 等待时间、AE 发生的状态。效应情报表可实时打印。

(4) 日报表。日报表显示电解槽 24 h 生产控制情况,如槽控机运行时间、氧化铝计算投入量、日均设定电压、日均工作电压、日均电压、日均 AE 电压、日 AE 时间、日 AE 次数、日闪烁 AE 次数、日电压摆累计时间、日异常电压时间、阳极行程、AE 预报次数、日加料次数、日效应等待时间、日计算输入功率。

除以上几种报表外,上位机系统还能打印电解槽历史曲线和实时记录。

10.3.5.2　计算机报表分析的种类和方法

对报表进行综合分析,是电解管理人员把握槽况、进行决策的根据和基础。但必须指出:报表分析丝毫不能轻视,也不应排斥现场的直观检查和测定,不仅如此,还必须结合来自现场的数据才能进行更完整的分析。

报表固然可以提供各种信息,但计算机报表直接获取的只有电压、电流信号,对现场槽中的铝水平、电解质水平、下料器情况、阳极电流分布情况、极上 Al_2O_3 厚度等条件是无法感知的,此外对现场人员的操作质量和原材料情况也是无法感知的。如果拘泥于报表,轻看现场调查,往往找不出原因而造成错觉。如果将报表束之高阁,就丢失了大量直观难以捕捉到的信息,又回到凭感觉作判断的老路。因此,计算机报表和现场调查两者是辩证关系:现场信息可以帮助分析和校正报表,报表上的数据又可深化和拓展对现场情况的认识,两者不可偏废。

(1) 排除干扰性分析的分析方法。人们分析报表时,要找出干扰并立即处理。

1) 根据槽状态报表检查槽受控软硬开关是否接通。无特别许可,软硬开关都应接通或打到“自动”或“联机”位置。另外,槽前打壳下料的风、料阀也应保持“通”状态。

2) 根据报表检查有无针振。若有,应查明针振的原因。若现在正在针振,应立即到槽前检查,若属阳极脱落,安装位置过低,结壳块、碎炭块未捞者,则处理后会立刻抑制针振。若属槽膛不规整诱发的针振的慢性病,虽然一时不能排除,也要权宜处理。

3) 根据日报表、异常炉报表检查异常电压的情况,查明原因。从计算站广播中发现有异常电压,发现后应立即动手恢复到原值。

4) 根据 AE 报表查出最新 AE 的电压值。若 AE 电压低于 20 V(若阳极掉块严重,此值还要低),要查明阳极底掌下是否有碎炭块、炭渣聚集物或长包。若 AE 电压高于 30 V,要先检查电解质是否偏低。

5) 根据 AE 情报表检查 AE 的状态,查明 AE 时刻提前或推迟的原因。

6) 根据 AE 情报表或日报表查出超过 10 min 的效应;从计算机解析记录上查出过去班次异常电压的效应;从 16 h 电流分布测定值中查出阳极安装高度不宜的槽;从出铝记录和每厘米铝量(实出铝量/出铝前后回转计变化)判断实出量偏离指示量过大的槽。虽然当这类干扰被人们从报表或现场记录中发现时,干扰已经过去,影响已经造成,而且一时又不能弥补,但对于这类已经发生的干扰,主要是查明情况和责任,引以为戒。

处理完毕上述所有干扰之后,着手消除干扰对 AE 管理留下的不良影响。

需要说明,操作不当造成的干扰是随机的、局部的,应由段长、班长和操作者解决。原料特别是阳极块和氧化铝品质下降造成的干扰是全局性的,应由车间出面解决。

(2) 疗程分析的分析方法。首先从报表和现场调查确认槽子的现状,确定出疗程和本疗程的目标值,制订实施方案;随后通过分析疗程中每一天的报表和现场调查,调整参数,逐步靠近目标值。

(3) 长期分析的分析方法。长期分析可以以具体的槽为对象,这时长期分析就是疗程分析的扩展。由于分析周要跨越较长时间,因此可用(Al_2O_3 的)投入、(金属铝的)产出分析来把握,用电压、铝水平、针振等参数的时间趋势来评价改善效果,确定下一时期的目标。

长期分析也可以放眼于一批槽,一个区或一个车间,用它们的投入产出总量及技术条件的平均数来研究槽子现在的状态和问题,确定下一批槽的改善目标。

复习思考题

10-1 计算机控制系统有哪几种,各有哪些特点?

10-2 计算机的配置有哪些,各有什么功能?

10-3 在铝电解生产中用计算机控制可实现哪些功能?

10-4 计算机报表有哪些,计算机报表分析的种类和方法有哪些?

11 铝电解生产主要经济技术指标

铝电解生产的经济技术指标是考核生产优劣的标准。其主要包括铝产量、电流效率、电能消耗、原材料单耗、整流效率、原铝质量。现代铝工业采取了各种有效措施,致力于获得优良的经济技术指标,实现优质、高效、低耗的生产。

11.1 铝产量

按照铝电解生产企业的生产程序划分,铝的产品产量可分为铝液产量和商品铝产量两种。

11.1.1 铝液产量

铝液产量是指铝电解生产单位或生产电解槽一定时间内所出的铝液数量,是铝电解企业的中间产品,也是铝电解生产单位计算电流效率和各项单耗指标的基础。铝液产量等于该时间段内出铝液量的总和。

11.1.2 商品铝产量

商品铝产量是铝锭铸造单位的最终产品数量,是经过检验部门检验合格,包装入库或已办理入库手续的产品(含自用铝)。一般情况下,商品铝产量等于铝液产量减去铸造过程损耗量的差额。

铝液在铸造过程中,由于氧化损耗和机械损失而使原铝数量有所降低,其降低的数量称为铸造损耗。其损耗量根据生产实践经验得出:通常铝液铸为普通铝锭时,铝液损耗量不大于0.3%;铝液铸为铝线锭时,铝液损耗量不大于1%。

11.1.3 产品质量

产品质量可用商品铝锭 Al99.7%以上率和铸锭合格率表示。

商品铝锭 Al99.7%以上率可用公式表示为:

$$\text{商品铝锭 Al99.7\%以上率}=\frac{\text{报告期产出 Al99.7\%以上的铝锭量}}{\text{报告期铝锭产量}}\times 100\% \qquad (11-1)$$

铸锭合格率可用公式表示为:

$$\text{铸锭合格率}=\frac{\text{合格铝锭量}}{\text{合格铝锭量}+\text{废品量}}\times 100\% \qquad (11-2)$$

或

$$\text{废品率}=\frac{\text{废品量}}{\text{合格铝锭量}+\text{废品量}}\times 100\% \qquad (11-3)$$

11.2 电流效率

11.2.1 铝的电化当量

在理论上按法拉第定律,每通过 1 F 电量,阴极上析出 1 mol 铝,同时阳极上析出 1 mol 氧。据此可算出铝的电化当量。

铝的电化当量 C:

$$C=\frac{\frac{26.98154}{3}}{\frac{96487}{3600}}=0.3356(\mathrm{g/(A\cdot h)}) \tag{11-4}$$

11.2.2 电流效率的计算

铝电解生产中,通常将实际生产出来的铝产量 $m_{实}$ 与理论上的铝产量 $m_{理}$ 的百分比数称为电流效率,即

$$\eta=\frac{m_{实}}{m_{理}}\times100\% \tag{11-5}$$

其中理论产量计算为:

$$m_{理}=C\cdot I\cdot t=0.3356It\times10^{-6}(\mathrm{t}) \tag{11-6}$$

则:

$$m_{实}=\eta\cdot m_{理}=\eta\cdot0.3356It\times10^{-6}(\mathrm{t})$$

式中 C——铝的电化当量,g/(A·h);

I——电流强度,A;

t——时间,h。

由上面的计算公式可以看出,要增加铝的实际产量,可以通过增加电流强度 I、增加时间 t 及提高电流效率 η 来实现。

例:若一台 80 kA 的铝电解槽的电流效率为 91.5%,则这台槽年产量应为多少?

解:该槽的年理论产量为:

$$m_{理}=[0.3356\times80\times10^3\times24\times365]\times10^{-6}=235.188(\mathrm{t})$$

实际年产量为:

$$m_{实}=\eta\cdot m_{理}=91.5\%\times235.188=215.197(\mathrm{t})$$

在铝电解生产中,为了生产过程的需要,槽内必须保持一定量的在产铝,因此实际过程中:

$$m_{实}=m_t-m_0+\sum_{i=1}^{n}m_i \quad (单位:\mathrm{kg}) \tag{11-7}$$

$$m_{理}=C\cdot I\cdot t\times10^{-3} \quad (单位:\mathrm{kg}) \tag{11-8}$$

式中 m_t——计算周期末槽中铝量,kg;

m_0——计算周期始槽中铝量,kg;

$\sum_{i=1}^{n}m_i$——计算周期内出铝量,kg;

t——周期时间,h。

这样,计算周期内的平均电流效率为:

$$\bar{\eta}_{电流} = \frac{m_t - m_0 + \sum_{i=1}^{n} m_i}{C \cdot I \cdot t \times 10^{-3}} \times 100\% = 2980 \times \frac{m_t - m_0 + \sum_{i=1}^{n} m_i}{I \cdot t \times 10^{-3}} \times 100\% \tag{11-9}$$

式(11-9)精确度更高。

计算电流效率时取四位有效数字,如88.95%,在工厂实际工作中,常按出铝量计算"出铝电流效率"。但它不是"真实的电流效率"。两者相差为周期始末槽中铝量差,即 m_t-m_0。

如以出铝电流效率作估计,达到1%的精确度要半年至1年时间,因此短时间内出铝电流效率只能是一个参考值。

例如,一个64000 A的电解槽,一个月内(30 d)出铝14100 kg。月初经盘存槽中铝量为4000 kg,月末盘存为3800 kg。则此槽该月的电流效率分别为:

(1) 出铝电流效率 $\eta_{出铝} = 2980 \times \frac{14100}{64000 \times 30 \times 24} \times 100\% = 91.18\%$

(2) 实际电流效率 $\eta_{电流} = 2980 \times \frac{3800-4100+14100}{64000 \times 30 \times 24} \times 100\% = 89.8\%$

11.2.3　影响电流效率的因素

根据已有研究,可以把铝电解过程的机械损失归纳为下列几个方面:

(1) 铝的溶解。已经电解出来的铝又溶解或机械夹杂在电解质中,并被循环着的电解质带到阳极空间或电解质表面被阳极气体中的 CO_2 或空气中的氧所氧化。这是电流效率降低的根本原因。

(2) 其他离子放电。这里主要是钠离子析出。在阴极上的一次反应应是铝离子放电,但在阴极电流密度过高或铝离子浓度过低的情况下,钠离子便开始放电。钠离子放电后生成的钠原子在电解质中的溶解度很小,并且它本身的沸点又低,因此,大部分将以气体状态蒸发,小部分进入阳极空间被氧化。

(3) 电流空耗。铝离子及电解质中作为杂质存在的某些高价元素的离子 V^{5+}、P^{5+} 及 Ti^{4+} 等不完全放电;Al-Na_3AlF_6 系熔体熔盐有电子导电的可能性;在槽帮结壳熔化,并且电解质液面上有大量夹渣时发生。在此种情况下,电流有可能通过炭渣由侧部漏电。

在这些损失中,第一项是主要的,为电流效率降低的主要原因。因此,说明各种因素对电流效率的影响,实际上也就说明它们对铝损失的影响。按照扩散是铝损失最慢环节的观点,为了减少铝的损失,应当从以下几个方面着手:

(1) 减少铝的溶解度;

(2) 阻止或减慢溶解铝的转移过程,减少带有溶解铝的电解质同阳极气体的接触面积;

(3) 降低氧化强度。

下面介绍影响电流效率的因素。

11.2.3.1　电解质温度

电解质温度正常与否,对电解槽的工作指标有影响。对电解槽的多次测量表明,温度每升高10℃,电流效率大约降低1%~2%。因此,电解槽应力求保持低温操作,这对于电流效率是有益的。随着电解质温度降低,靠近阴极的电解质中溶解铝的浓度降低,其动力黏度增大,阳极气体体积减小,从而使扩散层厚度增加,溶解的铝难以扩散。

但是,温度过低也是不利的,它使电解质发黏,导致铝珠与电解质分离困难,也使电解质中的炭渣分离困难,反而易造成铝的损失,使电流效率降低。

电解质的温度越高,铝在电解质中的溶解速度越快,这加速了铝的溶解损失。同时,由于电解温度高,电解质黏度降低,使电解质的对流循环加快,氧化损失增加,电流效率降低。

综上所述,电解质在一定条件下有一适宜的温度,高于或低于此温度,电流效率都会降低。

11.2.3.2 极距

极距是指阳极底掌到阴极铝液镜面的距离。随着极距增大,电解质的搅拌强度减弱,因为相同的阳极气体量所搅拌的两极间的液体量增加,搅拌减弱,使铝损失减少,电流效率增加。

极距对电流效率的影响,只有在极距较低时才明显表现出来。而在极距超过一定限度后,极距增加,电流效率提高不多,并且不能达到100%,而是有一个差值($\Delta\eta$)。这个$\Delta\eta$就是在该条件下电流损失的一个固定量。另外,起点也不是零点,而是当极距减小到一定程度后,电流效率即为零,此时的极距称为"临界极距",见图11-1。它给实际工作提出一个启示,也就是说不要企图以提高极距的方法来取得高电流效率。而相反,应该是力求使极距保持在实际所能允许的最小值。否则极距增加,将会徒使槽电压增高,电耗加大。

因此逐步创造条件(比如极距自动控制),使极距缩短是适宜的,否则在极距过大时还会使电解质过热,使槽电压增加,增加电能消耗。所以选择极距时必须根据电流效率和电能效率的综合结果来选择。

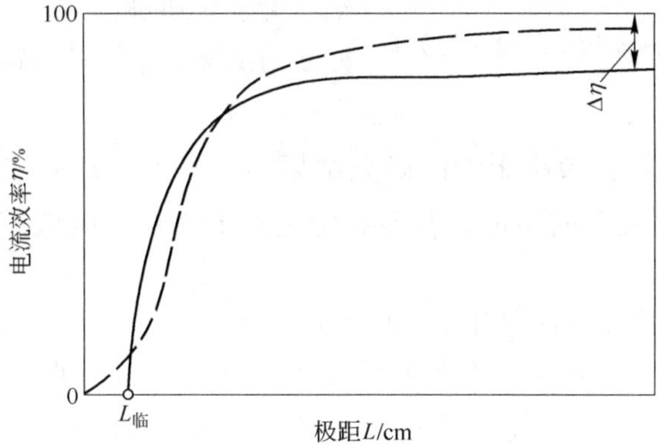

图11-1 电流效率随极距变化的曲线

11.2.3.3 电解质成分

这里所说的电解质成分主要指电解质物质的量比,还有氧化铝的浓度及原料中所含的杂质。

A　NaF 与 AlF_3 之物质的量比

当有过剩的 AlF_3 时(即物质的量比小于 3 时)电流效率提高,这是由于电解质中 AlF_3 过剩使铝液-电解质界面张力增大,即铝损失减小,电流效率增加。此外在酸性电解质中,Na^+的放电及铝自电解质中取代钠的反应减弱:

$$6NaF + Al = 3Na_2F + AlF_3$$

$$6Na^+ + Al = 3Na_2^{2+} + Al^{3+}$$

但电解质过酸,则又使生成低价氟化铝的反应增强,增加铝的损失:

$$2Al + AlF_3 = 3AlF$$

$$2Al + Al^{3+} = 3Al^+$$

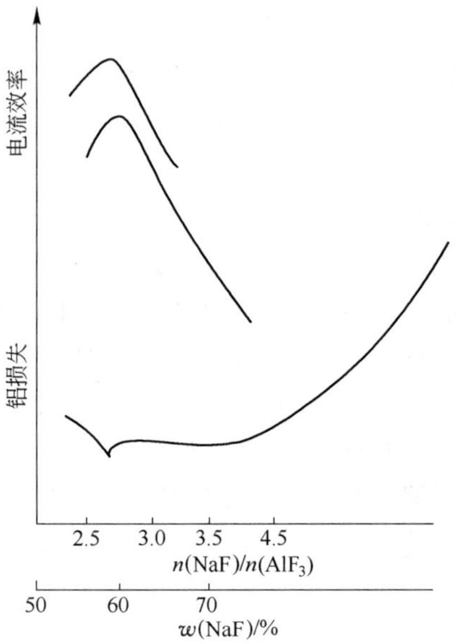

图 11-2　电流效率与电解质物质的量比的关系

所以,现代工业铝电解槽一般采用酸性的电解质,其 NaF 与 AlF_3 之物质的量比在 2.5～2.7 之间。

电流效率与电解质物质的量比的关系列于图 11-2 中,从该图中可以看出电流效率随物质的量比的变化呈现出一个驼峰的曲线。此驼峰所在的位置是电解质物质的量比为 2.7～2.8。当物质的量比大于 3 时,电流效率会急剧降低,因为电解质中若有剩余的 NaF 存在,铝与电解质间的界面张力会降低,阴极副反应大大加强,所以铝损失随着 NaF 在熔体中的增加而增加。

物质的量比的选择,不仅要考虑物质的量比对电解质的熔度、密度及表面张力的影响,同时也要考虑其对电导率、挥发度、Al_2O_3 的溶解度、铝损失及炭块破损等的影响。只有全面考虑各方面的情况后才能最后确定适宜的物质的量比。

B　Al_2O_3 浓度

关于 Al_2O_3 浓度对电流效率影响的研究结果不大一致。在一些资料中,得出随 Al_2O_3 含量增加电流效率一直上升的结论。但多数研究指出存在一电流效率最低值,如图 11-3 所示。

从图 11-3 可看出,冰晶石-氧化铝熔体中:在 $w(Al_2O_3)=5\%$时,曲线Ⅰ电流效率最低。添加 4%NaCl(曲线Ⅱ)对最低点位置影响不大,但添加 CaF_2 时(曲线Ⅲ 、Ⅳ 与Ⅴ),曲线最低点向右上方移动,即向 Al_2O_3 含量增加与电流效率提高的方向移动。

研究电流效率随 Al_2O_3 含量变化的实际意义在于:在采用连续下料时,应设法避开电流效率最低值所对应的氧化铝浓度,而采用其两侧的某一相应值。

C　杂质

杂质对电流效率的影响也是不能忽视的,原料氧化铝、氟化盐、阳极糊中都能带进杂质而严重降低电流效率。电解质中有 TiO_2、V_2O_5、P_2O_5 存在,电流效率降低最多,其他杂质如 Fe_2O_3、SiO_2 等也有影响,但钛、磷的氧化物能被铝还原为低价氧化物,这些低价氧化物转移

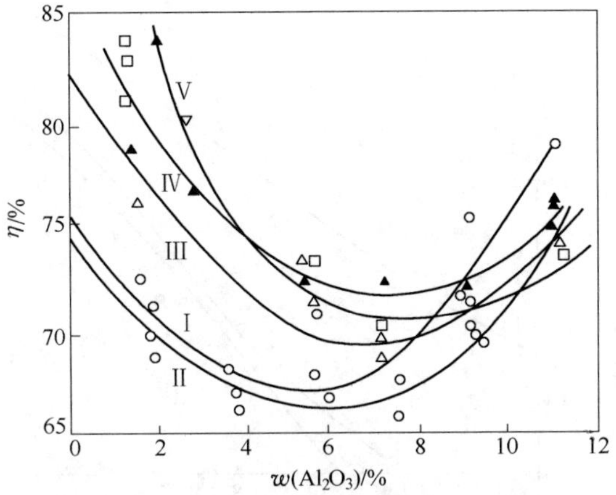

图 11-3 Al_2O_3 含量对电流效率的影响

Ⅰ—Na_3AlF_6；Ⅱ—Na_3AlF_6+4%NaCl；Ⅲ—Na_3AlF_6+2.5%CaF_2；

Ⅳ—Na_3AlF_6+5%CaF_2；Ⅴ—Na_3AlF_6+5%CaF_2+4.5%AlF_3

到电解质与空气接触界面处而重新氧化变成高价氧化物，以后又重新被铝还原为低价氧化物，如此循环，使铝损失增大，电流效率降低。所以，在铝电解生产过程中应严防杂质混入。

11.2.3.4 电流密度

电流密度分为阴极电流密度和阳极电流密度。

A 阴极电流密度

阴极电流密度的改变有两种情况：

(1) 电流强度不变而阴极面积(铝液镜面)变化。例如，电解槽中结壳伸腿的收缩和长大。

(2) 阴极面积不变而电流强度变化。

第 1 种情况阴极铝液镜面缩小时，金属的溶解与扩散面积减小，因而使铝的总损失减小。第 2 种情况阴极面积不变、电流强度变化时，阳极气体变化，因而使电解质的搅拌强度变化，图 11-4 示出了在保持阴极面积不变而增大电流的情况下金属亏损(C)与电流效率($\eta_{电流}$)的变化情况。由图看出，尽管金属亏损随电流密度的增加而增加，但电流效率仍然是上升的，这是由于金属积累的速度大大高于金属亏损速度之故。

B 阳极电流密度

阳极电流密度的改变也有两种情况：

(1) 电流强度不变，改变阳极面积；

(2) 阳极不变，改变电流强度。

这两种情况在实际生产中也经常碰到。例如，“加宽阳极”就属于第 1 种情况，而强化生产则属于第 2 种情况。这两种情况虽然作用程度不同，但效果一致。即在密度增加时，电流效率下降；而在电流密度减小时，电流效率增加。对于第 1 种情况来说，在阳极面积加大时，气体的排出速度减弱，因而使搅拌强度减小，使溶解金属扩散变慢，效率提高；对于第 2 种情况来说，在增加电流强度时，气体的析出量增加，因而搅拌加强而使电流效率降低。

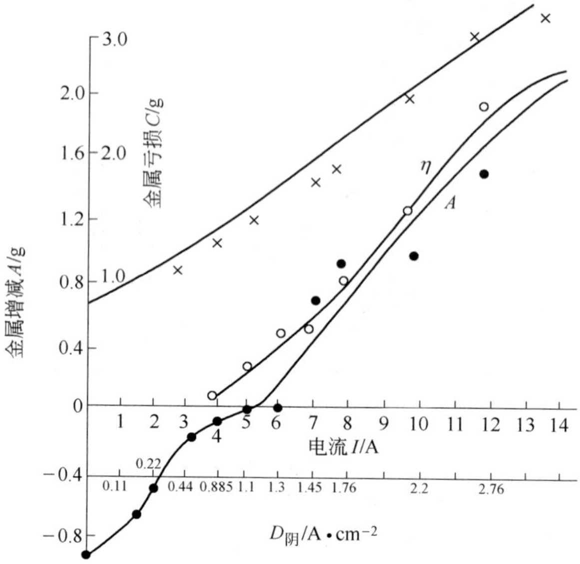

图 11-4　氧化铝溶液电解时金属亏损(C)与电流效率($\eta_{电流}$)随阴极电流密度($D_{阴}$)的变化

总之,由前面论述可知,电流密度(无论是阳极电流密度还是阴极电流密度)对电流效率的影响是至关重要的。我国铝厂生产实践证明了阳极电流密度与电流效率关系极为密切。

11.2.3.5　铝液高度

在生产实际中对铝液高度极为重视,因为它与生产的平稳与否及电流效率的高低有密切的关系。在工业铝电解槽上,阳极下部总是有一些多余热量产生,这就使阳极下部较侧部温度为高,从而影响电流效率。在相同条件下,若槽内铝液水平高,则导热快,从而减弱了槽底(即阳极底掌下)过热,提高了电流效率。但是,铝液过高也是不利的,这不仅使槽膛加深,电耗增加,同时也直接影响电流效率。因此在一定条件下,应有一最适宜的铝液高度值。

11.2.3.6　加工制度

在铝电解生产过程中,电解槽的加工方法及其制度对铝电解电流效率的影响是至关重要的。不同的加工制度与方法,其电流效率的高低也大有差异。一般来讲,加料应尽量要求均匀,Al_2O_3 浓度、温度、电解质成分应保持均匀一致。应减少沉淀的产生,防止因其加工而使槽内结壳伸腿的波动过大,防止效应的频繁发生等也是提高电流效率的措施。实践证明,采取连续下料自动加工的方法是电解槽的发展趋势。

11.2.3.7　槽膛内型

铝电解槽的槽膛内型对电流效率的影响是很大的。一般来说,保持规整的槽膛内型有利于电流效率的提高。槽膛内型规整,铝液波动相对小些,铝液也难以溅出来;反之,铝液波动大,铝易飞溅出来造成铝损失,电流效率下降。另外,槽内伸腿过大、过小也会造成电流效率下降。适宜的槽膛内型是：边部结壳陡直而不延伸到阳极底下，使铝液聚集在固定的区域内。

11.2.4 提高电流效率的措施

通过对电流效率与各相关因素的分析可以知道，铝电解生产提高电流效率的原则是：

(1) 尽可能保持液层平稳，要创造条件少捞炭渣、少扒沉淀，以免电解质和铝液波动的加大使溶解铝损失加剧(二次反应)。

(2) 尽可能降低电解温度，以降低铝溶解损失的速度。

(3) 保持规整的炉膛内型，使电流尽可能均匀垂直地通过两个液层。

(4) 预焙槽保持在1.5%~3%的范围，调整好加料间隔。总之要尽可能保持电解槽的稳定运行。

(5) 根据槽型保持适当的电解质物质的量比。

目前，大型预焙槽由于其槽型大，并且是在计算机控制下的均匀下料制度，所以其工艺控制遵循低物质的量比、低槽温、低氧化铝浓度、低效应系数、高极距即“四低一高”的原则进行参数选择，在这种参数条件下，铝电解生产能够取得较好的电流效率。

11.3 平均电压与直流电耗

11.3.1 平均电压与直流电耗的定义

铝电解槽在生产系列中其槽平均电压由槽工作电压、效应电压、联结导体电压降三部分组成，即

$$\overline{V}=V_{槽}+V_{效应}+V_{线路} \tag{11-10}$$

式中 $\overline{V}$——槽平均电压；

$V_{槽}$——槽工作电压，它是由铝电解槽极化电压 $E_{极化}$、阴极电压降 $V_{阴}$、阳极电压降 $V_{阳}$、电解质电压降 $V_{质}$ 和母线电压降 $V_{母线}$ 等各部分组成的，即 $V_{槽}=E_{极化}+V_{阴}+V_{阳}+V_{质}+V_{母线}$；

$V_{效应}$——系列效应电压分摊到每个生产槽上的电压；

$V_{线路}$——系列导电母线分摊到每槽上的压降。

所以，槽平均电压可表示为：

$$\overline{V}=E_{极化}+V_{阴}+V_{阳}+V_{质}+V_{母线}+V_{效应}+V_{线路} \tag{11-11}$$

直流电耗是指每生产 1 t 铝需用的电量，即

$$直流电耗=2980\times\frac{\overline{V}}{\eta}\quad(kW\cdot h/t) \tag{11-12}$$

从式(11-12)可以看出，直流电耗即吨铝电耗，与槽平均电压成正比，与槽电流效率成反比，而与电解槽的电流大小、时间长短无关。因此，降低平均电压、提高电流效率均能降低电耗。

11.3.2 电能消耗的降低

电耗与平均电压和电流效率两个因素有关。要降低电能消耗，一是降低平均电压，二是

提高电流效率。

11.3.2.1　平均电压和电流效率在降低电耗中的作用

A　电压的作用

当电流效率一定时，平均电压由 $\overline{V}_1$ 到 $\overline{V}_2$，电耗由 W_1 变为 W_2，则：

$$W_1-W_2=2980\frac{\overline{V}_2}{\eta_{电流}}-2980\frac{\overline{V}_1}{\eta_{电流}}=2980\frac{\overline{V}_2-\overline{V}_1}{\eta_{电流}} \tag{11-13}$$

或
$$\Delta W=2980\frac{\overline{V}_2-\overline{V}_1}{\eta_{电流}} \tag{11-14}$$

经计算可知，$\eta_{电流}$在 0.86～0.90 范围内，$\overline{V}$ 每降低（或升高）0.1 V，其电耗将降低（或增加）347～331 kW · h/t，$\eta_{电流}$高时，$\overline{V}$ 影响减小。

B　电流效率的作用

当平均电压一定时，电流效率由 η_1 变为 η_2，电耗由 W_1 变为 W_2，则：

$$W_1-W_2=2980\frac{\overline{V}}{\eta_2}-2980\frac{\overline{V}}{\eta_1}=-2980\frac{\eta_2-\eta_1}{\eta_2\cdot\eta_1}\overline{V} \tag{11-15}$$

或
$$\Delta W=-2980\frac{\Delta\eta}{\eta_1(\eta_1+\Delta\eta)}\cdot\overline{V} \tag{11-16}$$

经计算可知，$\overline{V}$ 在 4.0～4.5 V，η_1 在 0.86～0.90 的范围内，η_1 每升高或降低 0.01，其电耗将降低 146～179 kW · h/t，或增加 149～183 kW · h/t。

11.3.2.2　降低平均电压的途径

提高电流效率的途径前面已有论述，这里主要介绍降低平均电压的途径。

A　减小极化电压

极化电压是克服电解产物所形成的原电池电动势，使 Al_2O_3 得以分解的外加电压，由于电解过程极化，它比理论分解电压大得多，它等于理论分解电压加过电压，故称极化电压或实际分解电压。工业电解槽 Al_2O_3 的理论分解电压为 1.2 V，过电压约为 0.4～0.5 V，故极化电压约为 1.4～1.7 V。

工业上主要采取减小阳极电流密度（一般通过增大阳极截面积）、保持较高的 Al_2O_3 浓度和添加 CaF_2、LiF 等措施来降低极化电压。

B　降低阳极电压降

从阳极棒头到阳极底掌这一段导体的电压称为阳极电压降。预焙阳极电压降约为 0.3 V；自焙阳极电压降约为 0.4～0.5 V。

总的说来，阳极电压降由两部分电压降组成：

（1）导体与导体间的接触电压降。降低接触电阻可降低接触电压降。如旁插自焙阳极把接触面打磨光洁（可以降低污垢电阻），适当加粗阳极棒和增加棒的插入深度等措施均可降低接触电阻。采用加高炭块的隆起部分和螺纹接触，用氧化铝覆盖钢爪–炭块接触部位和改进浇铸生铁配方等措施都可降低钢爪–炭块接触电阻。

(2) 导体本身的电压降。选用截面大一点的阳极棒和增加小母线的片数以降低电流密度,掌握适宜的小母线转接周期和预焙阳极更换周期以降低阳极电流导程,通电均匀,焙烧好自焙阳极锥体,采用小一点的阳极电流密度等都可以降低导体本身电压降。

C 降低阴极电压降

从铝液到阴极棒头的电压称为阴极电压降。该值通常是 0.3~0.5 V,它与阳极形式关系不大。阴极电压降由以下四部分组成:

(1) 铝液与槽底的接触电压降;

(2) 槽底炭块本身电压降;

(3) 炭块与阴极棒接触电压降;

(4) 阴极棒的电压降。

铝液的电压降可忽略不计。铝液与槽底的接触电压降在槽底干净的情况下,数值又很小,甚至测不出来,但如果槽底有大量沉淀,则会大量增加。炭块本身的电压降随槽龄增大而减小,这是由于炭块在使用过程中逐渐石墨化所致。但由于炭块逐渐出现裂纹,炭块内部以及炭块和阴极棒接触处沉积碱性电解质、炭化铝和 $\beta-Al_2O_3$ 等物质,使其电压降随槽龄增大而增大。阴极棒电压降变化不大。

为了降低阴极电压降,可从两方面着手:

(1) 设法减轻槽底沉淀。如严格控制下料量,最好采用自动连续下料,一旦产生沉淀要及时处理。

(2) 改选阴极结构。

D 电解质电压降

电解质电压降大约在 1.4~1.7 V 范围,占平均电压的 35%~40%。这是电耗的主要组成部分,许多铝厂都致力于减小这部分电压降。

电解质电压降 $V_{质}$ 可根据一般计算导体欧姆电压降的方法进行:

$$V_{质}=IR_{质}=I\rho\frac{\overline{L}}{\overline{S}} \tag{11-17}$$

式中 I——电解槽电流强度,A;

$\overline{L}$——电解质的平均导电距离,cm;

$\overline{S}$——电解质的平均导电面积,cm^2;

ρ——电解质电阻率,$\Omega\cdot cm$。

但是,式(11-17)中 $\overline{L}$ 和 $\overline{S}$ 较难求出,它们受槽膛内型、阳极长宽、极距等多种因素的影响。因此,目前电解质电压降的计算,一般根据模拟试验的结果,采用下面经验公式:

$$V_{质}=\frac{I\rho L}{S_{阳}}\cdot K \tag{11-18}$$

式中 L——极距;

$S_{阳}$——阳极截面积;

K——系数,它表示实际电解质电压降相当于电流经过阳极下部均匀垂直通过电解质时的电压分数。

缩小极距、减小电流密度、增大电解质导电性、提高电解质水平都有助于减小其电压降,但都有一定限度。生产上主要通过缩小极距和提高电解质导电性来降低其电压。

据工业电解槽测定，每 1 mm 极距所对应的电压降，旁插槽为 40~50 mV，预焙槽为 30~33 mV。

E　减小母线电压降

母线电压降取决于其电阻率、电流密度和长度。近来，我国各铝厂纷纷加大母线截面积，使电流密度减小来降低其电压降。目前，铝母线电流密度控制在 0. 25~0. 35 A/ mm^2 的范围，母线电压降为 0. 2~0. 3 V。

F　减小阳极效应分摊值

阳极效应升高的平均电压按式（11-19）计算：

$$\Delta V_{效应}=\frac{R(V_{效应}-V_{工作})t_{效应}}{1440} \tag{11-19}$$

式中　R——效应系数，次/（槽 · d）；

$V_{效应}$——发生效应时的槽电压，V；

$t_{效应}$——每次效应延续时间，min；

1440——每天以分钟计的时间，min。

例如，$R=0.5$ 次/（槽 · d），$V_{效应}=30$ V，$V_{工作}=4$ V，$t=3$ min，则效应电压分摊值为：

$$\Delta V_{效应}=[0.5\times(30-4)\times3]/1440=0.027(\text{V})$$

减小阳极效应系数、缩短效应时间和降低效应时电压，都可以减小阳极效应电压分摊值，其中主要手段是减小阳极效应系数。采用勤加工、少下料的操作方法，应用微机实现效应预报和自动处理，是降低效应系数的有效措施。

11. 4　原材料单耗

11. 4. 1　氧化铝单耗

理论上每生产 1t 铝应消耗 1899 kg 氧化铝，但实际消耗氧化铝为 1920~2000 kg。因为氧化铝在进入电解槽之前会有机械损失如在包装、运输和加料时各个环节会出现飞扬损失。另外在加工时会有一部分粒度细小的氧化铝（10 μm 以下）很容易随烟气飞扬，如不进行净化则被排入空气中，造成氧化铝损耗。

11. 4. 2　炭素阳极材料单耗

炭素阳极的吨铝消耗理论上为 333 kg。但由于铝的二次反应使 CO_2 有部分被还原成 CO，炭的消耗要考虑这一部分的要求。如电流效率为 88%时，生成的 CO_2 仅占阳极气体的 70%，另外为 30% 的 CO，则炭的吨铝消耗为 433 kg。实际上炭阳极消耗仍大于此值，为 500~600 kg，其原因有：

（1）机械损耗。阳极上的炭粒没有参与反应即脱落进入电解质内部成为电解质中的炭渣。

（2）在高温下直接与空气接触被氧化。

（3）掉块。

11.4.3 氟化盐单耗

氟化盐是铝电解生产中的添加剂。理论上是不参与反应,也是不消耗的。但实际上由于高温蒸发以及原料中带入水分造成的分解等原因,氟化盐的吨铝单耗约为 40~50 kg,其中主要是氟化铝。因为氟化铝的挥发性大,在高温下挥发升华较快,所以损耗较多。为使电解质保持酸性,就必须添加氟化铝以调整物质的量比。

11.5 整流效率

整流效率指的是整流器输出的直流电量与输入的交流电量的比值,可用公式表示为:

$$整流效率(\%)=\frac{整流器输出的直流电量(kW \cdot h)}{输入整流器的交流电量(kW \cdot h)}\times 100\% \tag{11-20}$$

11.6 原铝质量

原铝质量是铝电解生产中的一项重要指标,它可以综合地反映铝电解生产状况。目前原铝质量标准执行的是国家标准《重熔用铝锭》(GB/T 1196—2008)。原铝中的杂质除铁、硅、铜以外,还有微量的钠、钙、磷、硼、氧化铝、碳氢化铝等(见表 11-1)。这些杂质的存在,降低了铝的纯度,从而降低了其电导率、热导率、防腐性及可塑性,并影响到铝和铝合金的铸造性能。这些杂质的来源主要有两个方面:一是来自原料中所含的杂质;二是来自炭素阳极及槽内衬中的杂质以及工具、设备等方面的杂质。

表 11-1 原铝质量标准

牌 号	化学成分(质量分数)/%							
	Al(不小于)	杂质(不大于)						
		Fe	Si	Cu	Ca	Mg	其他	总和
Al 99.90	99.90	0.07	0.05	0.005	0.020	0.01	0.010	0.10
Al 99.85	99.85	0.12	0.08	0.005	0.030	0.02	0.015	0.15
Al 99.70	99.70	0.20	0.10	0.01	0.03	0.02	0.03	0.30
Al 99.60	99.60	0.25	0.16	0.01	0.03	0.03	0.03	0.40
Al 99.50	99.50	0.30	0.22	0.02	0.03	0.05	0.03	0.50
Al 99.00	99.00	0.50	0.42	0.02	0.06	0.05	0.05	1.00

原铝中杂质铁的来源有:

(1) 随添加的氧化铝、氟化盐、预焙块等原材料以氧化铁的形式进入电解质中,进行电解时在阴极上析出或与铝反应而熔解在铝液中。

(2) 操作中铁工具熔化在电解槽内,钢铁制的零部件掉入槽内,这些元素都直接进入铝液中。

(3) 阳极钢爪及槽沿板熔化后进入槽内。

(4) 槽底破损,阴极钢棒熔入铝液中。

(5) 加脏料时,脏料自身含铁杂质多,或随脏料带进铁杂物,这些铁最终也都进入铝液中。

原铝中杂质硅的来源有:

(1) 电解槽内添加的各种材料中都含有少量的氧化硅杂质,氧化硅被还原进入铝液中。

(2) 工作中不慎将含大量氧化硅的杂物如砖头、混凝土块等误加入槽中,此时将有大量的硅进入铝液中。

(3) 加脏料时,脏料中含的硅进入槽内。

(4) 破损槽的内衬所含的硅进入槽内。

原铝中杂质铜的来源有:

(1) 电解槽添加的原材料中含有少量的铜杂质,向电解槽中添加含铜杂铝也是原铝中铜杂质来源之一。

(2) 原料中的一部分杂质沉积在电解槽炉膛内壁的结壳上,一旦电解槽生产失常进入热行程,这部分结壳便会被熔化,而沉积在结壳上的杂质便会被还原,使铝内杂质增多。

提高原铝质量的措施如下:

(1) 选用符合国家标准的优质原材料。

(2) 保持稳定的作业制度,稳定生产,防止或减少病槽。

(3) 合理确定阳极换块周期,减少化钢爪、阳极掉块、阳极长包等现象。

(4) 建立和保持规整的炉膛内型,防止侧部炭块和耐火砖受到侵蚀。

(5) 精心维护电解槽,防止其发生破损,延长其生产优质铝的时间。发现槽底破损,及时修补。

(6) 杂质含量多的原料不能一次添加过多,应采取分次添加的方法。

(7) 操作中不宜将过热的铁工具久放在电解槽中,注意勿使铁工具掉入槽内。

(8) 减少阳极效应次数。

(9) 保持工作场所的卫生。

(10) 关于添加脏料,只准将其加入母槽或指定的电解槽中。

复习思考题

11-1 什么是铝电解的电流效率?写出工厂中常用电流效率的计算公式。

11-2 从理论上讲电流效率降低的原因是什么,影响电流效率的因素有哪些,如何提高电流效率?

11-3 铝电解的电能消耗如何计算,如何减少电能消耗?

11-4 铝电解过程中评价原材料消耗的常用技术经济指标有哪些?

11-5 如何提高原铝质量?

12 清洁生产与节能减排

铝的用途非常广泛,铝和铝合金材料的消费量仅次于钢铁材料。然而铝材也是生产过程中环境负荷最大的金属材料之一。生产吨铝所需能耗大约为吨钢能耗的4.5倍,除废水排放量较少外,其他污染物的排放量均大大超过钢材生产的排放量,生产吨铝所产生的CO_2是吨钢的7~9倍。铝电解生产过程中不仅产生大量的温室效应气体CO_2和过氟化物(主要是CF_4和少量的C_2F_6),散发有害气体(氟化氢和二氧化硫)、粉尘(含氟粉尘、氧化铝和炭粉)和沥青挥发分(苯并芘)等有害物质,而且还产生大量含氟阴极废旧内衬,这些废物如得不到有效处理,将产生严重的环境和生态问题。因此,铝工业的环境问题多少年来一直受到人们的关注。

铝电解生产中自焙槽生产带来的环境污染问题特别突出,我国已明令淘汰。这是因为没有净化设施的自焙槽生产厂,每生产1 t铝,可排放30~32 kg沥青挥发物、20~25 kg氟化物、20~30 kg粉尘等,如此大量的有害气体及粉尘均远远超过了《大气污染物综合排放标准》(GB 16297—1996)的规定,车间工作地带氟化物浓度超过卫生标准的1~6.5倍,粉尘超标1~4倍。这些污染物对所在地的大气、水源和土壤有较大污染,影响动植物的生长,同时对工人的身心健康造成危害。自焙槽烟气治理难度大,烟气净化设施投资大,运行费用高。

环境问题和持续发展问题是21世纪世界面对的几大中心问题之一。为了进一步落实环境保护基本国策,实施了可持续发展战略。根据2006年7月3日国家环保总局批准、于2006年10月1日实施的《清洁生产标准 铝电解业》(HJ/T 187—2006)的规定,铝厂污染物排放标准日趋严格,这就要求对铝电解产生的环境负荷有清楚的认识,在此基础上采取清洁生产工艺,推进节能减排的实施。

12.1 清洁生产

12.1.1 清洁生产的内涵

清洁生产的目的就是通过采用先进的生产技术、工艺设备以及清洁原料,在生产过程中实现节省能源、降低原材料消耗、从源头控制污染物产生并降低末端污染控制投资和运行费用,实现污染物排放全过程控制,有效地减少污染物排放量。在铝电解生产中,实现“减污、增效、节能、降耗”是实现铝电解清洁生产的重要措施。

12.1.2 国外铝电解清洁生产现状

清洁生产最早起源于1960年美国化学行业的污染预防审计,经过多年的发展,清洁生产逐渐趋于成熟,并为各国企业和政府所普遍认可。美国、法国、加拿大、荷兰、丹麦、日本、德国、韩国、泰国等国家纷纷出台有关清洁生产的法规和行动计划,实施了一大批清洁生产示范项目。在铝电解方面，国外铝电解工业基本采用大型预焙阳极电解槽技术，其特点是容量大、自动化水平高、电流效率高、槽寿命长、电耗低等，180 kA 以上容量预焙阳极电解槽基本成为国外铝电解工业的主导槽型。主要先进技术有电解槽物理场技术、自动控制技术、氧化铝超浓相输送技术、电解槽烟气净化技术、阴阳极炭块生产技术等，技术指标达到电流效率 94%～96%，吨铝直流电耗 13200～13400 kW · h。

12.1.3　国内铝电解清洁生产现状

我国政府开始逐步推行清洁生产工作，启动和实施了一系列推进清洁生产的项目，我国在先后颁布和修订的《中华人民共和国大气污染防治法》、《 中华人民共和国水污染防治法》、《中华人民共和国固体废物污染防治法》等法律法规中，将实施清洁生产作为重要内容，明确提出通过实施清洁生产防治工业污染。2002 年 6 月 29 日第九届全国人民代表大会常务委员会第二十八次会议通过的《清洁生产促进法》，更预示着我国的清洁生产工作已走上法制化的轨道。

近年来，我国铝工业得到了快速发展，铝电解的技术及装备水平在不断提高，但与世界先进水平相比仍有较大差距。

（1）生产厂家数量多、规模小、劳动生产率低。我国现有铝电解企业规模达 20 万吨的有 30 多家，小于 10 万吨的有 70 多家，且自焙阳极电解槽产能占总产量的 40%左右，近几年部分自焙槽已经开始了技术改进和改造。

（2）预焙槽技术发展迅速，但种类繁多。国内预焙槽技术近几年发展迅速，但种类繁多且每种产量不大，据不完全统计，我国现有 350 kA、320 kA、300 kA、280 kA、240 kA、200 kA 和 186 kA 现代大型预焙槽，以及 160 kA、155 kA、140 kA、135 kA、114 kA、80 kA、75 kA、60 kA 中小型预焙槽共 10 余种槽型。其中 160 kA 预焙槽约 1314 台，近 51 万吨产能，占总量的 1/5，它是国内最主要的预焙槽型，属国际 20 年前技术装备水平。即使作为同一种系列电流，槽设计也不尽相同。而国外的预焙槽种类较少，常见的有 150 kA、180 kA、300 kA 电解槽。其中法国彼施涅公司开发的 AP18（180 kA）槽型电解槽已有 3412 台投入运行，年产量达 180 万吨；它开发的 AP30（300 kA）槽型电解槽已有 2472 台在生产，年产量近 220 万吨。上述两种槽型合计产量每年约 400 万吨，占西方国家铝年产总量的 20%。

（3）铝电解工艺还有一定差距。铝电解工艺上的差距一方面表现在国内铝电解过程温度和电解质物质的量比偏高、氧化铝浓度波动范围较大。国内铝电解温度一般控制在 950～970℃，过热度 10～20℃，而国外的先进指标为温度 940～950℃，过热度 5～10℃；国内铝电解质物质的量比为 2.3～2.5，而国外的物质的量比一般控制在 2.2～2.3 之间；国内铝电解质的氧化铝浓度一般控制在 1.5%～3.5%之间，而国外电解槽一般控制在 2.0%～2.5%。差距另一方面表现在电流密度低。目前我国大型预焙阳极电解槽的阳极电流密度在 0.73 A/cm^2以下，国外近些年来开展了卓有成效的强化电流的工作，电流密度大幅度提高，如迪拜铝厂的 200 kA 系列阳极电流密度在 0.88 A/cm^2。

（4）技术经济指标低于国外先进水平，电流效率低、电耗高。我国自焙槽电流效率平均只有 88%左右，吨铝直流电单耗在 14530 kW · h 左右，预焙槽平均电流效率在 91%～94%之间，吨铝直流电单耗在 13320～13750 kW · h 之间。而国外先进预焙槽的电流效率一般在 94%左右，吨铝直流电单耗在 13000～13330 kW · h 左右。

(5) 电解槽寿命短。我国目前采用的自焙槽或预焙槽,其寿命一般在1500 d以内。国外的电解槽达到了2500~3000 d。主要原因是我国铝电解技术集成上与国外存在较大差距,具体表现在电解槽内衬材料、砌筑技术、生产操作、炭素材料质量等方面。

(6) 阳极质量差。我国拥有生产铝用炭阳极优质原料,但由于阳极生产技术水平低,炭阳极质量波动大,吨铝炭阳极净耗一般为480 kg,国外为420 kg,特别是我国炭阳极质量标准与国际通用标准存在明显差异,也限制了我国炭阳极制品质量的提高。

(7) 环境污染严重。我国大部分自焙槽铝厂没有烟气净化设施。少数企业虽然建设了烟气净化系统,但由于技术不完善、运行费用高等原因而闲置不用,造成烟气大量散发,环境污染严重。而预焙槽由于多方面的原因,其环保真正达标排放的也较少。

12.2 节能减排

国家"十一五"期间制定的节能总目标为每万元GDP节能20%,作为高能耗的铝电解行业,其节能减排自然更受关注。国家当前经济工作中的重点是节能减排,而有色金属行业被列为六个重点节能减排行业之一,其中铝电解被点名为重中之重。这迫使铝电解厂家不得不竭力去挖掘在节能减排方面的潜能。应该说我国铝电解行业近年来在技术装备及工艺技术控制等方面已有很大的进步,已不再是多年前的高能耗、高污染的行业。但近年来随着全球资源的日益紧缺以及环境问题的日趋突出,再加之国内铝电解行业的迅猛发展,节能减排成为铝电解行业迫在眉睫的工作。下面对铝电解行业使用的原辅材料、电解槽的正常生产控制和延长电解槽寿命等进行分析,并提出节能减排的一些措施。

12.2.1 原材料及辅料的消耗

12.2.1.1 氧化铝

当今铝电解技术主要以冰晶石-氧化铝熔盐电解法为主,其主要生产原料即为氧化铝。每1 t原铝的生产理论需要1.9 t左右的氧化铝,实际生产可能超过2 t,因此,氧化铝是铝电解生产的主要生产成本之一,降低其单耗是我们一直追求的目标。当然,氧化铝的质量对铝电解的生产有很大的影响,使用砂状氧化铝可以减少其在电解质中的下沉速度,增加其溶解度,有利于电解电流效率的提高。有资料介绍,使用砂状氧化铝比粉状氧化铝电流效率可提高1%~1.3%,吨铝节电100~150 kW·h。

尽管砂状氧化铝有利于电解的生产,但由于我国铝土矿品质不高,国内生产的粉状氧化铝占较高比例,即使是我国自主生产的砂状氧化铝,其质量也没有进口砂状氧化铝好。有些铝电解厂与国外氧化铝厂签订了长期供货合同,但国内近年来发展起来的铝电解厂都基本使用国产氧化铝,这在一定程度上影响着经济指标。因此,对铝电解厂来说,若降低氧化铝的单耗,应着力于对铝电解生产工艺技术及供料净化系统的研究与优化,一方面保证氧化铝在电解槽中的充分溶解以减少电解槽的沉淀,另一方面采用先进的净化系统以减少氧化铝的飞扬损失,并对氧化铝充分回收。

12.2.1.2 阳极

有人把阳极称为铝电解槽的"心脏",这足以说明阳极在铝电解生产中的重要性。自然，在铝电解生产节能减排技术中，阳极也承担着不可或缺的作用。实际上，目前活性阳极的生产技术在阳极质量及单耗方面还有很多潜力可挖。

某铝厂在现有阳极条件下，对阳极的外观进行了改进，即将炭阳极底部的两条长边改成方形倒角，对炭阳极上部的棱台部分把四条棱改造成圆弧形，把棱台部分的四个倾斜面改为球面。这在不影响阳极在电解槽内的正常生产的前提下，减少了阳极炭块的原料消耗，降低了生产成本。同时，通过抗氧化涂层材料及改性材料的应用，以达到阳极炭耗的降低及阳极炭块压降的减少，从而实现节能的目的。目前在阳极生产技术方面有很多新技术，将进一步推进铝电解高效、节能的生产。

A　开槽阳极

阳极底部开槽是我国新近发展起来的节能的有效措施，即在阳极底部开挖一定比例的槽。这一方面能促使阳极气体向外界排放，减少气泡在阳极底部停留时间和阳极底部气泡的覆盖率，有利于减小阳极气体压降，降低槽电压，达到节能的目的；另一方面有利于保持电解质流场的均匀与稳定，减少铝液与阳极气体发生二次反应的几率，从而有利于电流效率的提高。

理论上认为阳极纵向（长方向）开槽更有利于气体的排出，同时有一定倾斜角的开槽更有利于气泡的排出。据报道，有铝厂开槽阳极在电耗及电流效率方面均能取得较好的指标，吨铝可以实现节电 100 kW · h。因此，本项技术在铝电解行业有很大的推广应用价值。

B　不等长阳极的应用

目前国内已有铝厂对“不等长阳极技术”申请了专利，有资料表明：不等长阳极能在提高电解槽电流效率及降低电耗方面有显著的效果。其主要原理为充分利用电解槽中缝面积，对电解槽内除下料点附近的阳极外，均采用加长阳极，从而增加电解槽的产能。其主要作用为在不增加投资、电流密度的条件下，使电解槽产量大幅度提升，产量的提高即降低了吨铝电耗，从而实现能源的充分利用，这也是节能的一种手段。

C　惰性阳极的开发与应用

所谓惰性阳极，是指那些在目前通用的冰晶石-氧化铝熔盐电解中不消耗或微量消耗的阳极。很明显，惰性阳极一旦投入使用，将大大降低铝电解的生产成本，但目前这一技术仅处于试验阶段，尚未在工业上推广应用，这主要是由于没有寻找到适宜的材料。

12.2.1.3　阴极

铝电解节能减排在阴极方面具有很大的潜能可挖，一方面阴极使用周期的增加，延长了槽寿命，而槽寿命的延长，将减少废阴极对环境的污染；另一方面阴极压降的降低，可实现吨铝电耗的降低。目前国内铝电解行业在阴极方面的质量远不如国外，特别是在槽寿命方面的差距较突出。这也说明我们在节能减排方面还有很大的提升空间。

A　阴极质量的提升

目前我国铝电解厂大都采用石墨比为 30%～80%石墨质的阴极炭块，在阴极压降方面取得了一定的效果。某铝厂进行了 30%石墨比阴极炭块的使用，平均炉底压降能降低 20mV。尽管添加一定比例的石墨能使压降有所降低，但其在抗热震性与抗钠侵蚀方面的性能较差。因此，不仅要提高阴极炭块的石墨比，同时也要注重提高炭块的质量。

石墨化炭块在国内很多铝厂得以试验应用，同时针对石墨化炭块的导电不均匀等现象，

"局部选择石墨化炭块"及"拼节石墨化阴极炭块"等一些技术也得以开发,这些都是今后节能要求的发展方向。

B 废旧阴极的处置及回收利用

废旧阴极中含有大量的氟化物及微量的氰化物,这些物质渗入地下水中,会污染水源,对人的身体骨骼毒害极大,同时还会对周围的动物和植物有很大的危害,影响自然生态平衡,使农作物减产。因此,减少废旧阴极的排放量及有效回收利用废旧阴极是铝电解行业势在必行的一项工作。

首先,每个铝电解厂都应有自己处理废旧阴极的方案及设施、场所等,保证使无法回收的废阴极对环境的污染降到最低。其次,应积极开展废旧阴极的回收利用工作。目前已有对废旧阴极回收利用的很多实例,做到变废为宝,对社会、环境有很大的现实意义。

(1) 将废旧阴极作为水泥制造中的补充燃料。

(2) 将废旧阴极作为化铁炉的熔剂。

(3) 从废旧内衬材料中回收氟盐,再将其用作铝电解生产的添加剂。

12.2.2 生产控制技术

12.2.2.1 计算机控制技术的开发

铝电解槽的控制包括物料平衡及热平衡两方面,不管是计算机的控制还是人工控制,最终要达到的目的是使电解槽同时在物料和热量方面达到一个平衡点,希望其在最小热投入及最小化物料浪费的基础上实现最大化的产出。在计算机控制方面,先后开发了铝电解槽"自适应控制技术"、"模糊控制技术"、"中温寻优控制技术"和铝电解"专家系统"技术等,这些控制技术的成功应用使我国的预焙槽整体水平得到明显提高。但这些技术主要解决了电解槽"物料平衡"中的氧化铝浓度控制,而"能量平衡"的管理和控制在电解生产过程中起着更为重要的作用。因此,开发双平衡控制系统是铝电解行业亟待解决的问题。

目前国内很多铝厂已成功开发了"多变量寻优控制技术",实现了对铝电解槽两平衡量的控制,不仅在控制电流效率及电耗方面有很好的提高,同时在减少电解槽阳极效应方面也有很好的效果,在节能的同时也实现了对环境的保护。

12.2.2.2 添加剂的应用

添加剂的应用对节能具有很大的意义。一方面通过添加剂的应用,可以降低电解质初晶温度,不仅提高了电解槽的电流效率,同时随着电解温度的降低,电解槽排放有害气体的可能性降低,保护了环境;另一方面,添加剂能改善电解质的性能,提高其导电性,降低吨铝电耗。氟化锂作为铝电解添加剂在这两方面的效果较明显,现国内已有部分铝厂逐渐推广应用,只是各厂试验推广结果都具较大差异性,其原因为锂盐含量的控制及相应配套工艺技术参数的匹配问题,且在相对较低温度下进行电解作业,其灵敏性增加,抗热冲击能力减弱,且随电解温度的降低,整个电解质熔盐体系热容减少,电解槽的计算机控制及操作的稳定性,可以避免其负面影响。

某铝厂30万吨电解槽系列全部应用锂盐添加剂,在电耗及电效方面取得了显著的提高,特别是在电耗方面,通过锂盐的应用,其吨铝电耗降低超过600 kW · h。

NaCl 添加剂也是铝电解一种很好的添加剂，但其由于具有吸潮性，对电解车间设备有腐蚀作用而未能得到推广应用。

近年来发展起来的复合盐的应用是铝电解的一项节能新技术，有报道称通过对锂盐和镁盐、氯化钠和镁盐等复合添加剂的应用，在电耗及电效方面取得了较好的效果。由于节能的要求，铝电解厂不得不去挖掘铝电解槽在节能方面的潜能，尽管铝电解厂近年来在铝电解槽电解质压降方面取得了显著的效果，但对添加剂的研究与应用还将继续进行。

12.2.2.3　铝水平的控制

理论上认为铝电解槽应保持一定的铝水平，同时认为偏高的铝水平比偏低的铝水平危害性更大，因为偏高的铝水平容易使炉底出现沉淀、结壳及长伸腿，使电解槽不稳定，容易出现病槽；但从另一方面理解，相对高的铝水平也有好处，即相对厚的铝液层可以削弱磁场作用力，减少因铝的波动而产生的溶解损失。在相同条件下降低铝的溶解损失，可以认为是提高了电流效率，因为铝电解生产中电流效率不能达到100%的原因，即为铝的再溶解损失。

铝水平的控制是铝电解槽生产控制的一个关键，也是日常控制电解槽热平衡的一个重要参数。如何控制铝水平的高度，编者认为对不同的铝电解厂或铝电解系列，甚至同一铝电解系列在不同时期都应不同。从节能的角度出发，可能相对低的铝水平更合理。因为一方面相对低的铝水平可以保持较低的极距，从而可以降低电耗；另一方面，相对低的铝水平（在产铝量），可以节约生产成本。

目前许多铝电解专家及厂家都在研究并开发了新型铝电解槽，旨在明显降低电解槽铝水平，降低极距，从而实现节能的目的。

12.2.2.4　阳极效应的控制

阳极效应的发生不仅增加铝电解的吨铝单耗，同时会产生大量的全氟化碳（PFC）温室效应气体——CF_4 和 C_2F_6，这些气体进入大气产生很大的温室效应。因此，当前铝电解行业发起了一场“零效应”控制的技术革新。

12.2.2.5　优良净化系统的配备

铝电解槽在电解过程中散发出大量的气态和固态污染物。气态物质主要有氟化氢和二氧化硫，发生阳极效应时还有 CF_4、C_2F_6 气体；而固态物质有氧化铝、炭和冰晶石及一些细颗粒的电解质蒸气凝物等。上述物质不能直接排空，因其对人体及环境有害，而且氧化铝、氟等可回收再利用。铝电解厂在投产时都配备有电解烟气收集净化系统。近年来铝电解槽的容量在不断扩充，铝产量也在不断提高，产生的污染物也势必成倍增加，因此，随着铝电解技术的不断提高，铝电解厂也应更加重视烟气净化技术的提高，以满足对环境保护的要求。

12.2.3　槽寿命的延长

铝电解槽槽寿命的延长，无疑将是实现铝电解生产节能减排最重要的途径，这是铝电解专家及生产厂家永无止境的目标。前面已提到，阴极质量的提高，将是实现槽寿命延长的一个重要途径，但良好的焙烧启动技术及平稳、正常的电解槽运行也很关键。

12.2.3.1 电解槽的焙烧

目前在国内最常用的电解槽焙烧技术主要有铝液焙烧、焦粒焙烧。通过实践生产的应用,笔者认为从节能及槽寿命方面考虑,焦粒焙烧明显优于铝液焙烧。铝液焙烧由于高温铝水对阴极炭块产生强烈热冲击,容易产生裂纹,在后期的生产中,一方面炉底压降较高,另一方面阴极容易破损,槽寿命不高。因此,目前许多铝厂都倾向于使用焦粒焙烧技术,当然,焦粒焙烧速度快也是一个很重要的原因。

燃气焙烧法在槽寿命方面有很好的效果,但由于其操作复杂,真正大量应用于工业生产的并不多。目前还有固体铝焙烧法等,都是在原有焙烧方法的基础上产生的。铝电解厂应对这些新技术进行尝试,不断完善原有焙烧技术,这不仅可以降低自身的生产成本,同时也是环境保护的一种要求。

12.2.3.2 正常管理

对于高效低耗的铝电解生产,在拥有良好焙烧技术的同时,应辅之以优良的正常管理。正常管理即对铝电解槽的电压、槽温、两水平及物质的量比等进行控制,使这些技术参数达到一个最佳状态点,最终实现电解槽的平稳运行。铝电解槽的正常管理,最重要的前提是稳定。电解槽出现早期破损最主要的原因就是铝电解槽波动。

实施清洁生产、推进铝电解行业的节能减排是一个持续不断的过程,是铝电解工作者们一直努力的方向。尽管当今的铝电解行业已有很大进步,但能耗高的现状还未摆脱,说明铝电解行业在节能减排方面还有很大的发展空间。

复习思考题

12-1 清洁生产的内涵是什么,铝电解清洁生产的现状如何?

12-2 国内铝电解生产与国际先进水平之间的差距主要集中在哪几个方面?

12-3 采取哪些措施可以推进铝电解生产过程的节能?

参考文献

[1] 邱竹贤．预焙槽炼铝[M].3版．北京:冶金工业出版社,2005.

[2] 冯乃祥．铝电解[M]．北京:化学工业出版社,2006.

[3] 王捷．电解铝生产工艺与设备[M]．北京:冶金工业出版社,2006.

[4] 刘业翔．电解铝工艺与设备[M]．北京:冶金工业出版社,2008.

[5] 殷恩生．160 kA 中心下料预焙铝电解槽生产工艺及管理[M]．长沙:中南大学出版社,2003.

[6] 杨重愚．轻金属冶金学[M]．北京:冶金工业出版社,1991.

[7] 戴小平．铝电解清洁生产工艺现状及发展趋向[J]．世界有色金属,2005(06)：18~22.

[8] 陈远望．美国铝电解槽技术革新新进展[J]．世界有色金属，2004(09):50~51.

[9] 王俊青,张延利,陈辉．浅谈我国大中型铝电解槽热损失分布特点[J]．轻金属，2007(12):22~24.

[10] 路忠胜．提高铝电解槽寿命的措施之一——提高阴极炭块的抗热震性能[J]．轻金属,2003(08)：41~42.

[11] 李少雄,赵洪生,李生元,等．135 kA 预焙阳极电解槽延长槽寿命的生产实践[J]．轻金属,2006(03)：28~30.

[12] 车永林,王平．电解槽内衬早期破损原因及修理方法[J]．青海科技,2005(04):50~51.

冶金工业出版社部分图书推荐

书名	作者	定价(元)
有色冶金概论(第3版)(本科国规教材)	华一新　主编	49.00
有色金属真空冶金(第2版)(本科国规教材)	戴永年　主编	36.00
有色冶金化工过程原理及设备(第2版)(本科国规教材)	郭年祥　主编	49.00
有色冶金炉(本科国规教材)	周孑民　主编	35.00
冶金设备(第2版)(本科教材)	朱　云　主编	56.00
冶金设备课程设计(本科教材)	朱　云　主编	19.00
重金属冶金学(本科教材)	翟秀静　主编	49.00
轻金属冶金学(本科教材)	杨重愚　主编	39.80
稀有金属冶金学(本科教材)	李洪桂　主编	34.80
复合矿与二次资源综合利用(本科教材)	孟繁明　编	36.00
冶金工厂设计基础(本科教材)	姜　澜　主编	45.00
物理化学(高职高专教材)	邓基芹　主编	28.00
无机化学(高职高专教材)	邓基芹　主编	36.00
冶金专业英语(第2版)(高职高专国规教材)	侯向东　主编	36.00
金属材料及热处理(高职高专教材)	王悦祥　等编	35.00
冶金原理(高职高专教材)	卢宇飞　主编	36.00
铁合金生产工艺与设备(高职高专教材)	刘　卫　主编	39.00
矿热炉控制与操作(第2版)(高职高专教材)	石　富　等编	39.00
稀土冶金技术(第2版)(高职高专教材)	石　富　主编	39.00
稀土永磁材料制备技术(第2版)(高职高专教材)	石　富　等编	42.00
火法冶金——粗金属精炼技术(高职高专教材)	刘自力　主编	18.00
火法冶金——备料与焙烧技术(高职高专教材)	陈利生　等编	18.00
火法冶金——熔炼技术(高职高专教材)	徐　征　等编	31.00
火法冶金生产实训(高职高专教材)	陈利生　等编	18.00
湿法冶金——净化技术(高职高专教材)	黄　卉　等编	15.00
湿法冶金——浸出技术(高职高专教材)	刘洪萍　等编	18.00
湿法冶金——电解技术(高职高专教材)	陈利生　等编	22.00
湿法冶金生产实训(高职高专教材)	陈利生　等编	18.00
氧化铝制取(高职高专教材)	刘自力　等编	18.00
氧化铝生产仿真实训(高职高专教材)	徐　征　等编	20.00
金属铝熔盐电解(高职高专教材)	陈利生　等编	18.00
金属热处理生产技术(高职高专教材)	张文丽　等编	35.00
金属塑性加工生产技术(高职高专教材)	胡　新　等编	32.00